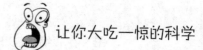

让你大吃一惊的科学

# 熊猫为什么要倒立

## 稀奇古怪de动物真相

【英】奥古斯都·布朗（Augustus Brown）◆ 著

谢维玲 ◆ 译

吴声海 ◆ 审定

上海科技教育出版社

**图书在版编目(CIP)数据**

熊猫为什么要倒立:稀奇古怪的动物真相/(英)布朗
(Brown A.)著;谢维玲译. —上海:上海科技教育出版
社,2011.8(2022.6重印)

(让你大吃一惊的科学)
ISBN 978-7-5428-5126-0

Ⅰ.①熊… Ⅱ.①布…②谢… Ⅲ.①动物—普及
读物 Ⅳ.①Q95-49

中国版本图书馆CIP数据核字(2011)第238686号

本书谨献给我的家人
加布里拉、汤姆斯和赛莲

# 目录

作者的话及致谢

前言

**1** **第一部分** 与动物对话　奇妙的动物沟通技巧

3/　肢体语言:动物如何利用它们的身体交谈

6/　金嗓英雄:鸟、鲸和其他"美声明星"

13/　蚁丘是活的:动物如何靠嗡鸣、敲打和撞击沟通

15/　热门八卦:动物们都在谈些什么

19/　声音的力量:动物们的惊人腔调

21/　开心一下:动物如何表达快乐的情绪

22/　服装密码:动物穿什么,向其他动物传递了什么信息

**25** **第二部分** 吃饱喝足　动物王国的饮食

27/　你吃什么,你就是什么:动物界的食物链

30/　口味习惯:动物的某些饮食偏好

33/　饮食失调:动物的厌食与暴食

35/　自然的呼唤:不太雅观的动物生理需求

37/　酒酣之际:会喝醉以及(偶尔)行为失控的动物

**43** **第三部分** 性不性有关系　动物和它们的爱情生活

45/　寻找理想的另一半:动物的择偶标准

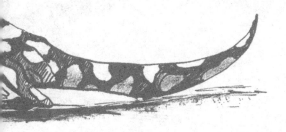

49/ **诱惑技巧**：动物如何给异性留下深刻印象

55/ **交配游戏**：动物界的性事

59/ **身体部位**：跟性器有关的一些奇事

61/ **危险性爱**：性（或无性）有什么致命后果

66/ **优生学**：动物如何节育

69/ **同志亦凡人**：动物界的同性恋

72/ **至死不渝**：动物的忠与不忠

75 **第四部分** 走入家庭　动物父母的磨难与考验

77/ **璋瓦之喜**：关于动物生育的一些古怪事实

82/ **母性本能**：自然界的最佳/最差母亲

86/ **父性本能**：自然界的最佳/最差父亲

88/ **小小恶魔**：令人头痛的小孩以及动物父母的应对之道

90/ **当家庭失去一个生命**：动物如何面对哀恸

93 **第五部分** 事关生死　最适应、最强壮、最聪明或手段最卑鄙者如何生存

95/ **毫不留情**：动物如何搏斗

99/ **天生杀手**：自然界的终极职业杀手

102/ **我抓得住你，我在你皮肤里**：寄生虫如何致猎物于死地

104/ **大规模毁灭性武器**：动物的御敌法宝

108/ **小虾对大鲸**：让人跌破眼镜的宿敌组合

110/ **脱逃高手**：自然界里高明的幸存者

113/ **得奖的是······**：动物如何靠演技脱身

115 **第六部分** **工作、休息与玩乐** 动物的生活方式

117/ **六尺风云**：浅谈动物的职业

119/ **到哪儿都能干活**：自然界的万事通

121/ **技术性劳工**：懂得利用工具的动物

123/ **甜蜜的家**：动物如何营造家的感觉

126/ **美女与野兽**：动物对健康、卫生和美貌的讲究

130/ **李伯大梦**：动物如何进入梦乡

133/ **麋鹿也冲浪**：动物会遇到哪些压力，它们如何放松

137 **第七部分** **社会型动物** 它们如何共同生活

139/ **人人为我，我为人人**：动物如何守望相助

144/ **动物有、动物治、动物享**：政治、权力和警察制度

147/ **教父**：动物如何使出黑手党的伎俩

149/ **女人天下**："弱势"性别如何建立终极的女权社会

151 **第八部分** **我们可不笨** 为什么说动物比你想象的聪明

153/ **是奇还是偶**：有数字概念的动物

155/ **过目不忘**：大象不是唯一有记忆力的动物

159/ **是熊在敲门**：动物的狡猾（与犯罪）心理

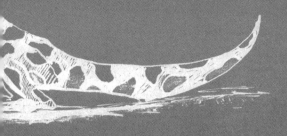

**165 第九部分** 本能 动物与生俱来的超凡力量

167/ **非礼也要听**:动物的视觉、嗅觉、听觉与回声定位能力

172/ **左右一样行**:一些动物的左撇子生活

174/ **动物医生**:动物如何治疗自己(与其他动物)

177/ **超自然力量**:动物如何运用它们的第六感

**179 第十部分** 动起来吧 动物如何从甲地到乙地

181/ **如诗的律动**:自然界最佳的行动者

185/ **天涯任我游**:长途旅行的动物

188/ **我们到了吗**:行动力较差的一些动物

**189 第十一部分** 进化之子 自然界的成败实例

191/ **进化的经典**:大自然的叫好之作

197/ **各有千秋**:自然界里的几位小不点与巨人

199/ **进化的悲剧**:大自然的错误之作

204/ 后记

205/ 附录

# 作者的话及致谢

一开始着手写这本书时，我就给自己设定了一些基本原则，比如所有事实都必须有明确的科学资料当作佐证，但内容不能过于复杂，以免吓跑非科学领域的读者。所有道听途说之事也必须加以摒除，而文中所介绍的动物行为，也要尽可能取材自大自然而非人类世界。如果我在某些地方偏离了其中一两项原则，纯粹是因为觉得错过那些花絮实在可惜（举例来说，熊能骗人打开大门和马戏团大象爱喝伏特加这两则消息，就是采自颇具声望的新闻机构而非学术期刊，在这里要跟所有治学严谨的读者说声抱歉）。

在朝着这个目标努力的过程中，任教于伦敦大学玛丽皇后学院的演化生物学家康伯（Steve Comber）博士可说是我最重要的盟友，无论是提供给我最新一期的《实验生物学杂志》(*Journal of Experimental Biology*)还是介绍我认识长期研究昆虫放屁现象的世界级专家——让我失望地接受蟑螂每 15 分钟放屁一次纯属道听途说——康伯始终是我随时可以请教而且不吝提供协助的科学智库，附带一提的是，就是他的研究团队发现蝙蝠祖母与孙女会共事一夫的。他亲自解释了这种由跨代繁殖所发展出来的乱伦关系，虽然其中的种种细节相当令人着迷，但它显然属于"过于复杂"的那类消息，所以我还为此伤了好几天脑筋。

我还要感谢妻子赛莲和小儿子汤姆斯在整个研究及撰写阶段

中所给予的热情支持，但我必须把 8 岁大的女儿加布里拉特别挑出来讲，因为我欠她一个很特别的道谢。从我写这本书开始，她就对动物会做出各种怪异行径一事感到着迷，后来甚至每天都要向我讨个动物的"新蠢事"好带去学校讲。所以每天我会提供数则消息给她挑选，每天她也都会掂掂它们的分量。而当她用"不好笑"或者更狠的"这谁都知道"之类的话取舍某则消息时，她所展现的编辑技巧几乎是无懈可击的，没有一个作者应该缺少这样一股鞭策自己的力量。谢谢你，女儿，我也同意鲱鱼放屁是我最爱的一则消息。

——奥古斯都·布朗于伦敦

# 前言

好几个世纪之前，即使是最聪明的人，也常认为动物是乏味无趣的——至少在跟我们人类相比时。

马克·吐温说过："人是唯一会脸红、也需要脸红的动物。"D·H·劳伦斯把人类叫做"世界上唯一可怕的动物"，还有 G·K·切斯特顿，他肯定在手里正握着一杯酒时写道："动物身上没有发生过像喝醉这样糟糕的事，也没有发生过像喝酒这样美妙的事。"

如果他知道错得有多离谱，很可能需要来一杯浓烈的威士忌吧？

切斯特顿先生显然没碰到过吃了烂苹果醉得不省人事的欧洲驼鹿，或者被发酵浆果搞得头昏脑胀、直接撞上玻璃高塔的鸟群；同样地，马克·吐温先生显然也没见过在发情期间脖子红彤彤的公鸵鸟，如果他见过，他自己就会先满脸通红。

还有劳伦斯先生，他显然不曾被令人敬畏的澳洲箱形水母螫咬过。如果他有，他会有一个星期摆脱不掉伊鲁康吉(Irukandji)综合征的折磨，并出现恶心、致命性高血压和躁郁等症状，让一个大男人变成——呃，抖来抖去的水母。如果他有，他会永远惧怕动物。

情有可原的是，他们 3 人全都活在另一个时代，那时候还没什么电子显微镜、野生动物纪录片制作人、国家地理频道，或者能进行狗基因译码工作的计算机。

但今天，没有人可以观察动物而不发出惊叹。

　　每天(或几乎每天)都有某份科学期刊或研究报告、某个野生动物纪录片制作人、某个动物学家,对外公布新的发现或新的见解,他们所提出来的事实都有无限的丰富性、不可预测性和离奇古怪,也永远令人着迷:听贝多芬音乐的乳牛有较高的产奶量、公老鼠会对它们的"甜心"唱情歌、企鹅会把粪便像大炮那样射出去、龙虾会逞凶斗狠、大象会模仿卡车路过时的声音……很显然,动物生活一点都不乏味。

　　本书搜罗了我们目前所知一些跟动物有关的稀奇、特异、几乎让人无法置信的事实。

　　如同一开始就清楚呈现的,这本书是以寓教于乐为最高目的,所以我在秉持严谨的原则提供参考数据、处处维持科学正确性的同时,也没有牺牲掉其中的趣味性与惊奇感,毕竟这是我希望本书保有的核心部分。

　　如果我不这样做,很可能会害得另一个时代的人认为动物是乏味无趣的,那可不行!

# 第一部分

# 与动物对话

## 奇妙的动物沟通技巧

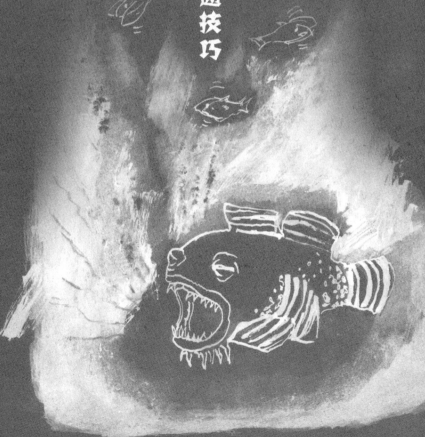

动物最棒的一点，就在于它们沉默寡言。

——桑顿·怀尔德《九死一生》(Thornton Wilder,
*The Skin of Our Teeth*)

说真的，我们能"听见"自己在想什么是件很奇妙的事。全天下的动物都在窃窃私语，讨论吃、性、如何养儿育女，交换家园安全的最高机密，或者纯粹闲评来来往往的陌生人。

而且它们用的还是各种巧妙、古怪的语言。动物们会透过哼叫、敲击、鸣唱和跳舞传递消息，也懂得充分利用信号、颜色、化学气味和分泌物。看起来，几乎所有事物都能成为它们的沟通工具，甚至放屁。

# 肢体语言：
## 动物如何利用它们的身体交谈

**鲱鱼**靠屁沟通。

它们会从肛孔中喷出气体，制造出高频率的响屁，同时也会产生成串的小气泡，让别的鲱鱼可以用肉眼辨识。

鲱鱼通常在黑夜和成群聚集时才会这么做。科学家认为它们能听见屁声，并且借此沟通彼此所在的位置。研究人员把这种鲱鱼语言称为"快速重复嘀嗒声"（Fast Repetitive Tick），或简称FRT。

**蛇**用屁吓跑敌人。有位科学家在研究美国西南部的索诺兰珊瑚蛇与西部鹰鼻蛇时，听见它们的泄殖腔内发出隆隆屁声。他判断那些声音是由气

泡破裂产生的,也为蛇放屁找到了第一项证据。

**淡水螯虾**有一种又快又有效的办法警告同伴有危险:一旦发现掠食者的踪迹,只要撒泡尿就行了。

**螯龙虾**则把这种语言做了进一步的延伸:它们直接把尿撒在彼此脸上。这些尿液会从它们眼睛附近的细小喷口射出去,里面掺杂着化学物质,可以用来传递信息——多半跟调情或打架有关。

**花栗鼠**也靠撒尿传递重要信息,它们的信号系统非常灵敏,不仅能标示有食物的地点,也能标示食物已经被搜括一空的地点。

**田鼠**是另一种到处撒尿做记号以便互通信息的动物。很不幸的是,由于红隼等猛禽是它们最大的掠食者,所以这并不是最保险的联络方式。田鼠的尿液在紫外线照射下会显露出痕迹,而红隼刚好具有紫外线视觉辨识功能。因此在红隼的紧迫追踪下,田鼠数量的大幅滑落也就不令人感到意外了。

科学家相信**大象**会利用地面的震动相互联系。这种重达几吨的庞然大物会踩脚或摆出攻击架势,让地面产生震动,藉以发送信息到远至 30 多千米外的地方。这比靠空气传播远得多,之后这些信息会被其他大象通过脚(就跟天线一样)来接收。科学家曾宣称,他们看到某批象群在数千米远之处惨遭杀害时,另一批象群往反方向奔逃。他们认为那批奔逃的象群是因为感应到了濒死同伴的震地警讯,才赶紧逃命的。

**非洲象**有模仿声音的能力。科学家记录到它们模仿的多种声音,其中包括在附近高速公路上行驶而过的卡车声。至于它们为什么会这么做,目前还不清楚。

**袋鼠**靠尾巴沟通。

如果一群红袋鼠之中有成员发现了掠食者,它会跺脚或者用又大又重的尾巴拍击地面。这个信号是告诉其他成员立刻散开,让身为首领的公袋鼠负责对付敌人。

袋鼠也会发出一些小声音。比如在呼唤孩子时,红袋鼠会咔嗒咔嗒地叫,母灰袋鼠会咯咯叫。还有,当两只公袋鼠打斗时,会把咳嗽声当作一种投降信号。

分布于哥斯达黎加与巴拿马的两栖动物**巴拿马金蛙**也有自己的一套信号语言。它会用前肢与后肢缓慢地画圈,告诉其他同伴它正朝哪个方向前进。研究人员认为这些信息包括了"我正往你那里去"以及"我会保护你"。

**乌贼**会眨眼。乌贼会根据自己的心情改变体色,它的背上有两块黑色眼斑,经过控制可以呈现出眨眼般的效果,宣告自己的存在。

## 金嗓英雄：

鸟、鲸和其他"美声明星"

科学家认为，鸟所使用的旋律、节奏与音阶组合跟我们是一样的。

研究人员用慢速播放两种**鹩鹩**的叫声录音时，发现它们竟然在唱古典乐，其中斑翅林鹩唱的是贝多芬《第五交响曲》中的那句"嗒—嗒—嗒—嗒……"，墨西哥岩鹩鹩则发出一连串跟肖邦《革命练习曲》起头部分几乎完全相同的啭鸣声。这些作曲家是否受小鸟启发，我们不得而知，但起码莫扎特很乐意把自己的灵感归功于他养的**椋鸟**，当那只椋鸟哼出他刚完成的《G大调钢琴协奏曲》，把升半音全都改成降半音时，莫扎特不得不承认那的确好听多了，也因此采纳了椋鸟的意见。

鸟会发出多种类似管弦乐曲的声音，例如**澳洲斑胁火尾雀**的鸣声像双簧管声，**白腹绿皇鸠**和**红梅花雀**的声音很容易让人以为那是长笛发出的，**林鸱**的歌声近似巴松管声，而巴布亚新几内亚的**蓝冠鸽**会发出低音号般的求偶声。

**八哥**和**澳洲琴鸟**是鸟类王国里数一数二的模仿高手，它们可以惟妙惟肖地模仿其他鸟类的鸣唱。不过提到模仿冠军，那可就非**嘲鸫**莫属了。有位赏鸟者花了一年时间观察一只雄性小嘲鸫，结果听到它模仿了25种其他鸟类的声音，包括海鸥、雀鹰、黑鸫、画眉等等。有些人甚至宣称他们听过嘲鸫模仿的其他声响，如门的转动声以及猫叫声。

鸟类学家认为嘲鸫模仿其他声音是一种吸引异性的手段，雌嘲鸫对秀出最多鸣唱曲目的雄嘲鸫格外心动，因为那表示后者会是理想的伴侣。而且既然雄嘲鸫那么了解其他鸟类,想必也知道那些鸟把食物藏在哪里了。

**夜莺**天生就有绝顶的聆听能力,可以重复唱出包括 60 段不同乐句的复杂乐曲,它们的鸣唱功夫也相当了得,全套曲目可包含 900 种不同的旋律。

雄鸟在大清早鸣唱是为了显示自己的男子汉气概。鸟类倾向于在白天觅食,晚上禁食,所以清晨理应是它们体力最差的时候,一段嘹亮的破晓鸣唱,可以让雄鸟对外宣告它依然充满了活力。

某些鸟比其他鸟更早用歌声迎接新的一天,例如**黑鸫**与**歌鸫**的破晓合唱就比**苍头燕雀**和**蓝山雀**的早一个半小时以上。科学家发现眼睛愈大的鸟,开唱的时间也愈早。啭鸣虽然可以吸引异性,但也会引来猫头鹰等掠食者,由于啭鸣会降低听觉的敏锐度,因此它们必须靠眼睛察觉有无危险接近。眼睛较小的鸟就需要等天色更亮一点再开唱,以确保自身安全。

鸟会把歌曲一代代传下去。**热带鹪鹩**的做法是依照性别来传承,父亲把鸣唱曲目传给儿子,母亲则传给女儿。

雌鸣禽学习的速度比雄鸣禽快。根据一项研究显示,雌红雀只要花雄性三分之一的时间,就能学会相同数量的曲子。

南美洲有种罕见的鸟会发出狗叫声。

1997 年在厄瓜多尔南部发现**若克蚁鸫**的鸟类学家们认为, 这种鸟是为了警告擅自闯入自家地盘的入侵者,才发出古怪叫声的。

鸟在打赢地域争夺战之后,会齐聚高唱凯歌。

科特迪瓦的**热带黑伯劳**在成功驱离邻近的入侵者后, 会成双成对

地进行别开生面的二重唱。研究人员认为,这种鸣唱告知其他黑伯劳"海岸"已经安全无虞,并吓阻其他潜在敌人入侵。

**猫头鹰**在雨天比较安静。潮湿的天气会影响一般林地与森林的音响效果,猫头鹰的叫声在非雨天被人听到的概率,是雨天的 70 倍。

**阿比鸟**唱起歌来并不笨。雄阿比鸟会唱一种独特而响亮的约德尔调(yodel,真假嗓音反复转换地唱),让别的鸟一听就吓得直哆嗦。根据某位科学家的说法,这段调子翻成白话就是:"再靠过来,我就把你的羽毛拔光。"比较奇特的是,阿比鸟搬到新的地方居住之后,原有的曲调也会彻底换掉。它们之所以这么做,显然是想让自己的叫声跟当地鸟儿的有所区别。同样地,这个新曲调也在显示自己没那么好惹。或许可以说,这也显示了阿比鸟阴暗的一面。

**铜翅水雉**生活在一妻多夫的社会,"男眷"们会竞相发出叫声,以博取雌水雉的欢心。

歌喉好坏跟你吃什么很有关系,至少假如你是鸟的话。就跟乐器一样,不同形状的鸟喙也会发出不同的声音。专门压碎坚硬种子的粗厚鸟喙,就比用于捏夹昆虫的细长鸟喙所发出的音调低沉而简单。因此喙较大的鸟,就没办法拥有喙较小的鸟一样的音域和快速啭鸣的功夫。

因其招牌叫声而得名的**北美黑顶山雀**,拥有一套属于自己的警报系统,它们会按照鸟群所面临的危险等级发出叫声。音调较为尖细的"xi—te"用来驱赶正在空中飞翔的掠食者,例如老鹰和猫头鹰,并通知鸟群立刻寻找掩护,直到警报解除的信号出现为止。一整句的"qi—ka—di"则用来驱赶栖息地中的掠食者,例如停在树上的猫头鹰。山雀听到这个声音,便会群聚在一起推挤掠食者,直到它飞走为止。有时茶腹䴓、啄木鸟等其他听得懂这种叫声的鸟类也会闻讯赶来帮忙。至于警报等级最高的叫声,则留给倭隼鸻这些山雀较难躲开的小型猛禽,在这个时候,每句"qi—ka—di"中间就会多出好几个"di",通知大伙儿赶紧逃命去。

**食火鸡**是嗓音最低沉的鸟,也是体型仅次于鸵鸟的最大型鸟类,它们用超低频的声音沟通。其他唯一使用这种声音的陆生动物是大象。食火鸡的鸣声可以低至每秒 23 赫兹,也是人类听觉能够辨识的下限。

**大翅鲸**唱起歌来,一次可以长达 24 小时。鲸的音域至少能涵盖 7 个八度,不过由于音与音之间的间隔跟人类用在音乐上的音程差不多,所以它们的乐句模式和节奏跟人类某些音乐很类似,从抒情歌曲到古典风格的奏鸣曲都有。科学家已经推论,鲸会不断创作新歌以吸引仰慕者;而雄大翅鲸是其中最才华洋溢的作曲家,擅长创作听起来押韵的歌曲。

**蓝鲸**的低频声波脉冲声可以高达 188 分贝——比一架喷气式飞机还要吵,这些脉冲最远可以在 800 千米外接收到。

**长须鲸**相隔 3200 千米还能互通信息。

雄性**侏儒小须鲸**的叫声相当与众不同,这种"ba—ba—ba——eng……"的独特吵嚷声,听起来就像激光枪的声音,因此又有"星际大战叫声"之称。一般人相信它们之所以发出这种吵嚷声,是为了叫别的鲸类闪远一点。

**虎鲸**(即杀人鲸)会用不同的方言交谈。

跟流行音乐一样,鲸歌也有过气的时候。当澳大利亚太平洋海岸的鲸类遇到来自印度洋海岸的一群迷途鲸类时,立刻被对方带来的多首歌曲吸引住了。不到一年的时间，这群东海岸鲸类就抛弃原有的鲸歌，唱起了印度洋的曲调。

有首鲸歌始终是个谜。这首史上最神秘的鲸歌从 1992 年开始就在海洋里回荡，而且跟任何已知鲸类唱的歌曲都不一样，它的音频为每秒 52 赫兹，远高于一般鲸类的每秒 15—20 赫兹。唱这首歌的这条鲸的迁徙路线也相当特别，让一些科学家推测可能是尚未发现的鲸类新种。

鱼会歌唱。雄性**斑光蟾鱼**会在夜晚哼歌，以吸引雌鱼，由于歌曲实在太有特色，因此它又有"加州唱歌鱼"之称。不过它的幼鱼没办法这么做，顶多只会咕噜咕噜叫。

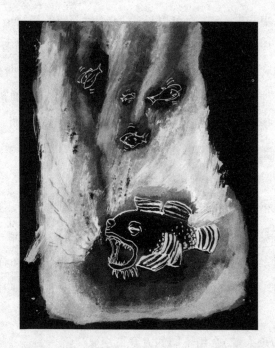

**海豚**会吹口哨。每只海豚都有自己的专属哨音，好让同伴们能够辨识。不过海豚也是天生的模仿者，能模仿其他海豚的哨音，当它们在外地遇到陌生的海豚时，就用这招进行对话。

"安静如鼠"这句话其实很有问题,因为小老鼠绝对不只是偶尔地吱吱叫几声。一项关于公小鼠的研究报告显示,当它们嗅到母鼠的性气味时,就会发出超音波叫声。科学家慢速播放这些录音时,发现它们竟然是歌曲,因此也推断公小鼠会对未来的配偶唱情歌。

大鼠会在暗地里用哨音沟通。啮齿类动物可以从喉底发出超声波声音,这种频率的声音能确保信号只被同伴接收到,而不会走漏给即将被它们扑食的猎物。

蛙也有好歌喉。有一种天赋异禀的**中国蛙**会表演出神入化的口技绝活,从猿猴的咆哮声、鸟鸣,到类似鲸歌的低频歌曲都包括在内。这种中国蛙之所以多才多艺,是因为它们不像某些蛙类只有单一鸣囊,而是有一对鸣囊。

雌蛙和雌蟋蟀在择偶时,采取的是先来先上的原则,因此雄蛙和雄蟋蟀总会一窝蜂地齐声高歌,唯恐错过跟雌性速配成功的机会。不仅如此,它们还尽可能地加快鸣叫速度,震耳欲聋的大合唱也就这么产生了。

**北美牛蛙**的声音特别洪亮,主要是因为它们用耳朵当扩音器。

至于先天条件没那么好的动物们,就只能靠自己努力了。

雄性**蝼蛄**是在自己挖的沙洞里唱情歌的,它们会把洞口挖成喇叭状,以便帮助扩音,尤其当沙地潮湿的时候。有些种类的蟋蟀则会采下树叶当扩音器。

蛙会吹奏"木管"。研究发现,一种来自加里曼丹岛雨林的**树蛙**会把自己栖息的树干当成乐器使用。雄蛙在唱情歌时,会浸坐在树干内的水洼里,一边鸣叫一边调整音长与音高,等到鸣叫频率达到跟树干共鸣的程度,树干就能发挥出扩音效果。这就好像一个人边洗澡边唱歌,最后找到跟浴室

共鸣的频率一样。科学家认为树蛙这么做是为了让自己的歌声听起来更性感。而且据他们所知,还没有其他动物会用这么聪明的方法来吹奏"木管"。

**无螯龙虾**会把自己当小提琴拉。当这种龙虾受威胁或对某个东西产生反感时,就会用它们触须尾端的突起部分(也就是所谓的"琴拨")摩擦眼睛下方的一排脊状物。这跟小提琴手拉弦的动作非常相似,而它发出的嘈杂声起到警告或抗议的作用。

**土拨鼠**会用口哨声通知同伴提高警觉,因此它们又有"哨子猪"之称。

巴布亚新几内亚**歌唱犬**很有特色,它们不仅会像普通的狗一样尖嚎狂吠,还会发出一连串频率介于鸟鸣和鲸歌间的独特叫声。

# 蚁丘是活的：

## 动物如何靠嗡鸣、敲打和撞击沟通

昆虫世界里音乐无处不在，很多种昆虫都会振动翅膀，发出有节奏的嗡鸣声。例如家蝇能以每秒 345 下的拍翅速度，谱出中音 F 大调的嗡鸣歌曲；蜜蜂蜂王会发出嘎嘎、嘟嘟等多种吵嚷声，其中嘎嘎声用来宣告蜂巢里出现了竞争对手；至于另外一种蜂——麦蜂，则会用嗡鸣声打出莫尔斯密码，指引巢内的同伴找到食物来源。

许多动物都会通过振动的方式表达善意与恶意，蛙、变色龙和白蚁就是其中的几个例子。但最令人印象深刻的，莫过于一种哥斯达黎加的**蜡象**发出的声音。它们的雄性成员会合力抖动叶子发出声音。这种声音听起来很像是用低音号吹出的旋律。

**蚂蚁**玩的是不同类型的音乐。用身体打拍子，也就是肢体有节奏地运动，是居住于木材上或其他干硬蚁穴里的蚂蚁经常采用的方式，这些蚂蚁会用前腭和尾端撞击穴壁，最快可以达到每 50 毫秒撞 7 下。

**毛毛虫**会跳踢踏舞。生物学家相信蝴蝶毛虫会在植物叶片和茎干上卖弄舞姿，以吸引蚂蚁靠近。有了蚂蚁的保护，它们就可以躲开胡蜂的掠食。

**蜜蜂**也靠舞蹈沟通。它们会跳摇摆舞，让其他蜜蜂知悉食物的所在方位与距离；另外还跳一种颤抖舞，用来通知伙伴们花蜜贮存量已经足够，不必再出去采蜜了。蜜蜂找到食物时，还能藉由体温上升互通信息。

**盲鼹鼠**的沟通方法是用脑袋撞地道内壁,引发地震,这样一来,鼹鼠们就能明白彼此的意思。科学家揣测,它们或许也用这个方式测算地道已经挖了多远。

**蜜蜂**在大热天嗡叫不厉害。在炎热的夏天里,蜜蜂会减少翅膀的振动次数,好让身体降温以避免中暑。

以蛀光木材而臭名昭彰的**红毛窃蠹**,它们发出的招牌咔嗒声其实是一种性语言。

**蝴蝶**用莫尔斯密码下逐客令。

科学家听到过,**蓝白条纹袖蝶**在遇到外来蝶类时,会发出一连串的咔嗒声,除了驱逐不速之客,它们也用这种声音互相传递信息。

# 热门八卦：
## 动物们都在谈些什么

**草原犬鼠**爱聊路过的陌生人。这些啮齿动物有一套高度发达的语言系统，可以用特殊的语言警告同伴有危险接近。

北亚利桑那大学的科学家们将草原犬鼠的叫声进行解码，结果分析出一批关键性的信号，包括意指"头顶上有老鹰"的单一尖锐短音、"草原狼出没，注意"的反复呼叫，以及表示"人类接近中"的长音与吠叫混合声。

他们也发现，当草原犬鼠用后脚站着，发出宣告领地所有权的叫声时，经常出现过度激动的现象，它们会亢奋地往上跳、来个空翻，然后仰倒落地。

不过最令人感兴趣的发现是，草原犬鼠对不具威胁性的动物（如乳牛）也会发出专门的叫声，甚至当科学家们故意在草原犬鼠的沙漠家园附近拖拉一块木头时，它们创造出一种新的叫声。科学家的结论是，除了守望相助之外，这些高度社会性的啮齿动物也很爱聊家门口发生的大小事。

**黑猩猩**聊食物。英国爱丁堡动物园的管理人员做了一项研究，发现黑猩猩会用高低不等的语调交换食物信息，较尖锐的声音跟面包有关，代表那是它们爱吃的东西；面对苹果时则发出较低沉的哼吟声，表示对其兴趣缺缺。

母**狒狒**爱炫耀性生活，而且愈是美满，炫耀得就愈夸张。母狒狒在交配后会发出像机关枪发射一样的叫嚷声。一些生物学家相信，这种喋喋不休的声音跟性满意度有关——与之交配的雄性的地位愈高，它叫嚷得就愈

厉害。他们认为这是母狒狒吸引较具优势的雄性跟自己结合的一种方法，同时也能摆脱其他公狒狒的纠缠；甚至可能借着吹捧配偶，增加后者的男性尊严，让自己得到更多保护。

某些**蚁类**会吱吱叫，就是在例行性地互搓后腹上的两个部位时，发出尖锐的摩擦音。科学家观察后发现，蚂蚁藉此传递多种信息：切叶蚁发现蚁穴塌陷后就会发出吱吱声，作为紧急求援的信号；雌蚁也用这种方式向交配中的雄蚁喊停，表示它体内的精液已经满了。

**狗**的叫声会依情况变化而变化。当狗受到威胁、缺乏安全感，或者身体不适的时候，常会发出较低沉、较难听的声音，而且威胁感愈强烈，叫得愈厉害；反之，如果它们心情好，例如在玩耍或者表示顺从时，它们发出的声音就比较悦耳，音调也比较高。

**骆马**一向以安静闻名，但事实上它们也用好几种声音互相沟通，最主要的方式就是发出哼哼声，而且不同的哼哼声代表不同的情绪。如果它们感觉很热、很累或不舒服，哼哼声就会比较弱，拖得也比较长，有点像呻吟那样；如果它们产生好奇心，声音就比较短促而尖锐；如果是比较长、比较尖的声音，就表示它们在担心着什么事情。此外，骆马妈妈在安抚它们的孩子，也就是骆马宝宝的时候，会发出温柔且音调适中的哼哼声。

骆马也会发出古怪的警戒声，根据一位骆马专家的描述，它听起来就像火鸡叫混合汽车发动机发动时的声音。

性，可想而知，也带有多种声音。骆马在调情时会发出一种咯咯的声音，就像人喷舌那样；公骆马在性器官勃起时，会发出类似我们漱口的声音，这种声音会一直持续到它交配结束，时间长达一小时。

除了发声，骆马还有另一种传递信息的方法，那就是当一只骆马看另一只骆马不顺眼时,它会朝对方吐口水。不过这也是逼不得已的一招。跟牛一样,骆马同样是反刍动物,所以唾液有一股腐烂垃圾的恶臭味。当它们吐完口水,一股难闻至极的味道会残留在口腔里,以至于它们不得不张大嘴巴好几分钟,让恶心的臭味散去。

**长尾黑颚猴**会根据攻击自己的对象是蛇、鹰或豹而发出不同的声音。如果是第一种,它们会搜查周围环境,找出入侵者;如果是第二种,它们会扫视天空,然后从树上坠落到地面上;如果是最后一种,它们会赶紧爬上树。

**蟑螂**会嘶言嘶语。

马达加斯加蟑螂会通过腹部的一对气孔喷气,发出嘶嘶声响。雄性蟑螂的声音比较有变化,它可以用 4 种不同类型和强度的声音跟其他蟑螂沟通,包括交配和争夺领域时的两种特殊叫声。雌性蟑螂基本上只会在受到骚扰时发出表达厌恶的嘶嘶声。

**松鼠**不理睬穷紧张者。一项关于理查德森地松鼠的研究显示,这种动物在听到警戒声时反应跟其他松鼠不同。科学家们发现,它们对于一些曾引发虚惊的家伙们似乎懒得理睬。

**熊猫**有多种叫声,它们会发出咩咩声、吱吱声、呜咽声、吠叫声和叽叽声。

科学研究发现,**猫**的叫声隐含着一种微妙的信息,可以在不同情况下表达不同的情绪。低吟声有请求或问候之意;呼噜声则为表达顺从的社交信息;咆哮和嘶嘶声,可想而知,跟敌对状态有关;刺耳的尖叫声出现在受到攻击或感到痛苦的时候。此外还有一种声音会伴随着嘶嘶声出现,即短

促急猛的吐沫声。

　　猫在猎食或(更为常见地)极力避免自己被猎食时,牙齿会颤抖个不停;当它们闻到陌生的气味时,会以打哈欠作为反应。还有,猫在玩耍、期待用餐时间到来以及母猫交配完毕之后,都会发出吱吱声。

# 声音的力量：
## 动物们的惊人腔调

**海豚**会发出驴叫声，这或许是瓶鼻海豚为了阻挡猎物去路的一种策略。

**眼镜王蛇**会咆哮。

**毛毛虫**会怒吼。钩蛾毛虫的领域感很强，当外来者入侵它们的地盘时，它们会大吵大闹，用下腭和身体其他部位撞击、擦刮它们栖身的叶子。如果入侵者是另一只毛毛虫，很可能会演一场"大声公"比赛。

以昆虫来说，毛毛虫的吼声绝对令人丧胆，在安静的环境下，科学家最远可在 5 米外听到它们的声音。这种吼声也绝对有效，因为大多数用这种声音驱离入侵昆虫的毛毛虫，都能成功保住自己的地盘。

好几种动物的声音都很洪亮。例如雄**蟾鱼**在水中交配所发出的声音，在水面上都听得见；**猎豹**发出类似鸟叫或狗叫的吱吱声，距离 1 千米外也听得到。至于陆地上叫声最刺耳的动物，就非**吼猴**莫属了，它们那种震耳欲聋的吼声最远可以传到 5 千米外。

一只**蝉**的叫声在 400 米外也听得见。

动物界最石破天惊的声音大概就是**枪虾**的声音了，这小家伙身体不

到短短 5 厘米,却能单凭一只大螯发出鞭炮般的爆裂声,而且威力强大到可以把猎物击昏甚至击毙。科学家发现,枪虾的声音之所以那么强劲,是因为它们用大螯瞬间挤压了聚集在螯里的气泡。

**老虎**靠多种微妙声音沟通。这种动物互通信息的方法包括咆哮、嘶嘶叫和呼噜叫,声音频率通常处于人类无法听见的范围内。不过到目前为止,它们最有效的沟通工具还是用来吓跑掠食者的吼声。研究发现,这种吼声的频率低于 20 赫兹,一种能够穿墙而过甚至翻山越岭的超低频声,因此一只老虎的吼声最远可以传到两千米外。不过接收声音的一方可就惨了,除了身体会跟着震动,还会吓到浑身发软。

叫声最古怪的鱼,首推**波纹绒须石首鱼**,它们会通过肌肉的缩张让鱼鳔振动,发出鼓鸣声。这种声音听起来比较像蛙鸣。也因为这点,石首鱼才被称为 croaker(像蛙一样呱呱叫的动物)。至于它们为什么呱呱叫,还有在何时、何地叫,至今仍是个谜。

住在南非海岸地带的**非洲企鹅**,也就是黑脚企鹅,会发出一种跟其他企鹅家族成员都不一样的声音——驴叫声,因此又有"公驴企鹅"之称。

# 开心一下：
## 动物如何表达快乐的情绪

不只人类，很多动物都会笑。

**大鼠**在玩耍时会开心地叽叽叫。

**狗**用喘息的方式发笑。人类最忠实的朋友会发出一种独特的呼吸声，听起来像是平常运动完之后发出的无气喘息声。但分析录音数据显示，当狗发出这种声音时，其声音频率范围比普通的喘息声还要广，科学家相信这是狗向同类表达自己心情愉悦的一种方式。

**美洲野牛**在溜冰时会发出兴奋的声音。当它们滑过冰面时，会一边前进一边发出"gu—a……"的愉悦叫声。

英文俚语里的"horse laugh"（意指放声嘲笑）其实跟笑一点关系也没有，公的马、斑马还有马的近亲动物都有一种翻开上唇、暴露嗅觉器官接收气味的特殊表情，尤其到了交配季节，公马试探母马是否发情的时候这种表情比较多见，这也就是所谓的"裂唇嗅反应"。

# 服装密码：
## 动物穿什么，向其他动物传递了什么信息

跟军队一样，**胡蜂**也用杠杠分等级。胡蜂腹部独特的黄黑条纹以及脸上的色块，就是它们在等级森严的蜂巢里的一种地位标志。

**变色龙**变色不只是为了融入周遭环境，也是为了互相沟通。公变色龙在大肆炫耀自己的主导权时，斑纹会变得异常鲜艳；母变色龙如果想要表示自己没什么性趣，也会将肤色变深并让橘黄色的斑块转暗，而且颜色愈是暗沉，愈表示它们会粗暴地抗拒对方。

人类投降时挥白旗，**鲑鱼**挥的则是黑旗。年幼的大西洋鲑鱼在你争我斗时，会让腹部斑块的颜色转暗，表示自己愿意认输。

**蝴蝶**用身体当色标。蜕变成蝴蝶前的毛毛虫避免自己被鸟吃掉的办法，就是从植物里摄取有毒的化学成分。等到蜕变成蝴蝶，它们会在翅膀上显现出特定色彩，炫耀自己的毒性，这样鸟就知道要躲得远远的。生活在同一地区的蝴蝶还会互相分享信息，了解哪些颜色具有警戒效果，然后遵守同样的颜色规范。

**胡蜂**非穿蜡做的制服不可。它们会用蜂巢的蜡涂抹身体，让同伴知道属于同一蜂群。如果它们从外面飞回蜂巢时身体上没有这层蜡，就会遭到其他蜂的攻击、螫咬和驱离。

"身上有黄毛"(胆小的意思)并不是坏事,至少对一种鸟来说是如此。胸部有黄毛的雄**蓝山雀**通常是顾家的好父亲,所以这种"黄毛小子"特别受到雌蓝山雀的青睐。

**黄雀**光凭胸羽就可知道哪些同伴需要分送食物。研究显示,黄雀胸前的黑色斑块愈大,愈表明可能饿肚子。这些斑块也显示了它们在雀群中的地位。

在某种雀的社会里,红头是权威的象征。

稀有的澳洲**七彩文鸟**只有红头、黄头、黑头 3 种类别。研究显示,雄性红头七彩文鸟的攻击性最强,黄头与黑头七彩文鸟都不敢招惹它,因此红头仔始终是鸟群里的老大。

从母**狒狒**的臀部大小,可以看出它做母亲的称职程度。臀部愈大愈突出,就表示它愈可能成为强壮又能干的妈妈。

动物会用化学物质当警报器。举例来说,**米诺鱼**如果被掠食者咬到,它的伤口会释放一种化学物质到水里,警告同伴们几个小时内不要接近该区域,其他鱼类也可能接收到这个信息。科学家认为这种化学物质有引发动物恐惧感的作用。其他会制造这类警戒化学物质的动物还包括**蜗牛**、**蚯蚓**与**海胆**。

各位父老乡亲,各位大象,请把耳朵借给我——**大象**会用耳后腺体的分泌物当作化学沟通的媒介。

年幼的公象身上有股蜂蜜味——至少每年有段时间里会如此。公象每年都会经历周期性的"狂暴期",对异性特别感兴趣。在此期间,公象之间的竞争趋于激烈而凶狠,有种刺鼻的棕色物质会从成熟公象位于眼与耳之间的腺体中分泌出来,表示它们已经准备好跟母象交配。尚未到达性成熟阶段的年幼公象则会分泌一种蜂蜜般的甜液,让年长的公象知道自己没有争风吃醋的意图,不会构成任何威胁。

# 第二部分

# 吃饱喝足
## 动物王国的饮食

在自然界，你吃什么——或者多半是，你吃谁——你就是谁。在家鼠和蟑螂的例子里，你吃的就是你的亲人。

然而，不是所有动物都属于投机型的杂食者，有些动物就坚持高盐或高糖的饮食原则，有些动物则嗜吃富含血液或脂肪的食物（如果可以的话，直接吸取受害者脑部的血）。有些动物把快餐当作唯一的选择，有些动物则喜欢慢条斯理地享受一顿丰盛的午餐。当然，自然界里也有依赖药物和乙醇生活的动物，而这通常意味着一件事——惹祸上身。

# 你吃什么，你就是什么：
## 动物界的食物链

　　动物的确是吃什么就成什么。**红鹤**并非天生就是粉红色的，这种独特的颜色来自它们所吃的食物，也就是在消化过程中会变成粉红色的绿色小水藻，还有虾。

　　你吃的食物有多毒，你就有多毒。**箭毒蛙**的皮肤藏有腺体，这种腺体的分泌物可是毒得很，只要轻抹一点就能让一匹马送命。而它们累积身体内毒素的方法，就是专门吃有毒昆虫。

　　铁胃是可以训练的。**大桦斑蝶**抵抗天敌的方法就是让自己充满毒素，一旦掠食者把它们吃下肚，很快就会死，而且死得很痛苦。但墨西哥就有一种鼠不怕这种毒，每年冬季都靠大桦斑蝶填饱肚子。

　　**昆虫**天生不用忌口，因为它们有功能超强的"肾脏"（指马氏管），可以把毒素和其他有害物质排出体外。

　　众所皆知，**树袋熊**靠吃桉树叶过活，但偶尔它们也会换换胃口，从树上下地吃土和小石头。不过，树袋熊宝宝生命里的第一口固体食物可与众不同，它们吃的是妈妈的粪便，这些粪便充满了能提高免疫力和帮助消化的微生物。

**吸血蝙蝠**的日常饮食是世界上最单调的一种饮食,它们非鲜血不喝的习惯虽然缺乏变化,却也省下了挑三拣四的麻烦。跟其他蝙蝠不同的是,吸血蝙蝠不必担心碰到问题食物,因为无论在何种情况下,它们都有一套简单的辨识方法:如果血有毒,它的主人应该已经翘辫子了。

爱当吸血鬼的不只蝙蝠。东非有一种蜘蛛对人类的血情有独钟,它们会刻意寻找已经吸了人血或其他哺乳动物血液的蚊子来吃。在加拉帕戈斯群岛,有一种小型雀会为了吸血而攻击其他大型鸟类,因为只有这样它们才能度过旱季。

**七鳃鳗**是海洋世界里的吸血高手。这种长得跟鳗鱼很像的水生动物,会锁定鳟鱼或其他小型鳟类,一旦目标出现在眼前,它们就会把牙齿插进鳟鱼软嫩的肉里,然后畅饮鲜血。

有些**蛾**以喝其他动物的眼泪过活,这些为蛾提供泪水的动物包括哭泣的牛、鹿、马、貘、猪和大象。在东南亚,也有些蛾靠水牛的眼泪维生。

同类相食在动物界是很普遍的现象,鸟、蛙、鼠、猿猴都不例外,尤其当对方还小或尚未孵化时。事实上,有些动物还会刻意多生几个蛋,供小宝宝在必要时食用,蛙就是其中一例。

**蝾螈**胚胎在子宫里就会吃掉自己的手足。

**蟑螂**(蜚蠊)什么都吃,包括自己的同伴。不过东方蜚蠊也有最爱的食物,那就是甜食和淀粉类食物。

**铲足蟾**的蝌蚪会尽量避免误食至亲。

这些蝌蚪属于同类相食者,并且有强壮的颚可以咬食其他蝌蚪。但在进食前,它们会迅速确认一下食物的化学味道,以免吃到自己的亲人,要是真的误吞了自己的兄弟姐妹,它们能辨别出味道,然后立刻吐出来。

同类相食有益**蜗牛**健康。一项研究显示,把兄弟姐妹和其他未孵化的蜗牛吃进肚子里的幼小蜗牛,寿命都比较长。

# 口味习惯:
## 动物的某些饮食偏好

**啄羊鹦鹉**是自然界里唯一已知的恋橡胶狂。

啄羊鹦鹉一向以离经叛道闻名,就连胃口也是。它们经常在夜里偷袭羊群,啄咬羊的下半身,然后戳穿皮毛,直捣肾脏周围的脂肪区,最后夺走羊的性命。

不过真正让这种本土物种成为新西兰当地传奇主角的,是它们对橡胶的古怪食癖。民间盛传啄羊鹦鹉会啃走各种车辆的雨刷橡胶条,即使车子在行进中也是如此,只有车的时速达到 60 千米以上,它们才肯善罢甘休。

其中最令人啧啧称奇的一个故事,牵扯到一部停在户外过夜的汽车。那位车主隔天返回原地时发现,不仅挡风玻璃四周的橡胶条被一群啄羊鹦鹉吃得精光,整片玻璃掉进车里;而且对泡沫塑料同样也迷恋得出了名的这种鹦鹉,还戳破所有坐垫,扯出所有泡沫塑料,把整部车给毁了。

**鹅**特别爱吃泡沫塑料。2005 年在罗马尼亚的瑞塞提村,一群鹅吃掉了当地一间学校的泡沫塑料夹心墙板。

**白蚁**爱啃垃圾袋。

**黑猩猩**嗜食高脂食物,而且会朝猴子下手。坦桑尼亚与科特迪瓦的黑猩猩特别喜爱猎捕疣猴。黑猩猩猎手一旦捉到猎物,首先就会活吞猴脑,因为那是脂肪含量最高的地方;接着它们会吸食疣猴最长一根骨头里的骨髓;然后再开始吃肉,同伴只能分到它们不吃的残余部分。至于一同参与猎捕行动的母黑猩猩,只有在同意做爱的前提下才能分到少许肉吃。

**北极熊**也靠高脂饮食过活。由于对脂肪极为依赖,它们可以仅仅为了吃到一个肥滋滋的脑子而杀死海豹宝宝。

**蟋蟀**爱吃咸食。研究显示,蟋蟀之所以会成群结队地出去行军,跟它们爱吃咸零嘴(比如浸了尿液的泥土)有很大的关系。富含蛋白质的东西如荚果、花朵和哺乳动物的粪便,也是深受它们喜爱的点心。

**大象**吃盐吃得凶,而且不惜亲自开采。位于肯尼亚与乌干达交界的一座死火山,因为富含矿物质而受到大象们的大规模开采。科学家相信,那是因为岩壁含有大象无法从土壤摄取到的盐分。这些象群必须冒险爬坡 350米,才能顺利采到盐矿。

**黑猩猩**爱吃甜食。它们所吃的水果、树叶和树皮,都含有大量的葡萄糖、蔗糖和果糖。

**蜥蜴**也爱吃甜食。住在西班牙梅诺卡岛附近离岛上的一只利氏壁蜥，会像蜜蜂一样吸食花蜜。

北美**红松鼠**度过寒冬的方法之一，就是打造专属的糖枫浆补给站。红松鼠吃光库存的松果和坚果之后，会用利齿在糖枫树的树皮上刮出切口，让糖枫汁流出来。等到糖枫汁被太阳晒成糖晶，它们就舔食其来补充体力。

**猫**不爱甜食，因为它们尝不出甜味。

研究人员发现，不管是家猫、豹还是狮子，所有猫科动物对甜食都有一种强烈的厌恶感。藉由基因分析专家发现，猫科动物的基因带有部分缺陷，无法像其他动物一样感觉到甜味，因此完全尝不出糖等碳水化合物的甜味成分。这项研究结果不但为猫科动物爱吃肉等咸味食物找出了原因，也解释了为什么它们可以成为自然界数一数二的猎杀高手。

巧克力会致**狗**于死地。

巧克力里的可可碱会让狗的中枢神经系统受到严重刺激，尤其是小型犬。狗吃了巧克力之后，轻则发生呕吐、兴奋过度和颤抖现象，重则会因心脏功能衰竭而死亡。烘焙用黑巧克力是狗最碰不得的一种巧克力，因为它所含的可可碱成分是纯牛奶巧克力的六七倍。

**疟蚊**比其他蚊子更无法抗拒甜食。这是因为它们体内的疟疾寄生虫会激发它产生想吃甜食的欲望。

只有雌蚊会叮人。它们之所以被人吸引，人的汗水是主要原因之一。

# 饮食失调：
## 动物的厌食与暴食

　　用"鸟食"形容人胃口小其实不是很恰当，以**秃鹰**为例，它们光是一餐就能吃下达体重四分之一的食物量，有时反而会因为吃得太饱，必须先吐出胃里大部分的食物后才能起飞。不过红鹤很少暴饮暴食，即使一连数周没吃东西也一样，它们只能在喙倒放的情况下缓慢进食。

　　**蜂鸟**几乎无时无刻不在吃。

　　娇小玲珑的蜂鸟是鸟类王国里的垂直起降喷射机，它们可以倒着飞，可以靠每秒 90 下的振翅速度停在半空中，还能用平时两倍的速度进行俯冲。不过把体力花在这上面，也代表着它们必须不断用吃来补充能量。蜂鸟每天要摄取其体重好几倍的食物，而且还不是什么都能吃。由于热量消耗得非常快，它们必须吃高热量的花蜜餐才行。为了尽可能采集大量的花蜜，它们吃得也很快，最快可以每秒连吸 12 口。

　　全身多刺的食蚁蜥蜴——**澳洲魔蜥**是动物界的终极快食王之一，由于蚂蚁所能提供的营养成分实在少得可怜，因此澳洲魔蜥必须吃得够多、吃得够快才能够维持生命。澳洲魔蜥靠瞬间弹出的舌头捕捉蚂蚁，然后生吞下肚，根本不用咀嚼。靠着这招，它们平均一天可以吃掉 2000 只蚂蚁。

　　**大象**是动物王国里最能吃的食客之一，它们一天可以吃掉 100—300 公斤的食物，喝掉高达 200 升的水。

一批**蝗虫**大军可以在一天内扫光 20 000 吨玉米。

雌**跳蚤**每天要吸重量相当于体重 15 倍的血。

**鼹鼠**每天可以吃掉跟体重相等的蚯蚓量。

**蓝鲸**单日的猎食量介于 1.5—3 吨之间,相当于 8000 个汉堡的重量。

**虎鲸**的猎食范围十分广泛,从鱼、海豹、企鹅,到龟、鲨鱼,甚至蓝鲸都包括在内。它们可以活活吞吃一整只小海豹或小海狮。

**鲸**有不同的进食技巧,有些用牙齿咬,有些用鲸须筛进食物。有一种较为罕见的喙鲸,牙齿多半退化,大嘴尖端有个小开口,所以只能用吸的方法进食。

**松鼠**会狂塞坚果,直到肚子发胀为止。英国德文郡的一只松鼠在钻进铁网做的喂鸟器后,被饱胀的肚子卡住,挂在铁网上无法脱身。

喝一口水对**长颈鹿**来说可是生死攸关的大事。为了够到水面,长颈鹿必须把脚叉开成八字形,小心翼翼地垂下脖子。但这样就很容易成为狮子等猛兽下手的目标,所以它们通常好几个星期都不喝水,转而从植物叶子(例如刺槐叶)摄取水分。

生活在地球上最干燥地区之一的纳米布沙漠上的**狒狒**们,可以连续 26 天不用喝水。

**蟑螂**可以一个月不吃东西,但如果没水喝,顶多只能活两个星期。

# 自然的呼唤：
## 不太雅观的动物生理需求

以树为家的**树懒**，旱季时总要憋一星期才会去大便。它们之所以不爱上厕所，是因为害怕引起掠食者的注意。等它们终于爬下树，到地上方便，排便量重达一公斤，相当于体重的五分之一。不过雨季来临之后它们就不用那么费事了，雨水会盖住排泄物的味道，所以直接在树上解决就行了。

**麝雉**——来自委内瑞拉的一种鸟，有个跟牛相似的特异胃部，会让在其内部进行发酵的食物产生独特的味道，闻起来刚好跟新鲜的牛粪味差不多，因此麝雉又有"臭鸟"之称。

**企鹅**是自然界的超级大便王。南极企鹅和阿德利企鹅会将屁股朝向巢外发射出便便，并且一射就是 40 厘米远。这招对维持羽毛及巢穴的整洁很有帮助，而长长的企鹅屎落入雪地后，很快就消失了。

提到便便的威力，很少动物能跟美国的**银斑弄蝶**的毛毛虫相比。它们从尾部发射虫粪的速度可达每秒 1.3 米或者更快，几乎跟发射炮弹一样；而且射程最远可达 1.5 米，相当于它们身长（4 厘米）的 40 倍。换作是我们人类，大概要 70 多米那么远。科学家相信它们这么做不仅仅是因为爱干净，也因为它们的便便可能会引来掠食者。

**河马**会用尾巴甩便，而且甩得愈远愈好。它们使出这招是为了让自己的领地尽量扩大。公河马在排便时，尾巴会快速打转，好让粪便洒向四面八方。

农场动物是造成全球气候变暖的源头之一。根据联合国的报告,因人类活动而产生的甲烷有 30% 来自于牛、羊、猪、马、骆驼等牲畜,而甲烷是仅次于二氧化碳的第二大温室气体。

**乳牛**被认为对全球甲烷的排放量作出了 20% 的贡献。乳牛每天嗝出 400—500 升的甲烷,是一个人的 200 倍;而且一年会排出 9 公斤的挥发性有机化合物(VOCs),这也是烟雾的主要成分之一,比一辆小客车或小卡车的排放量还多。

在新西兰,43% 的温室气体来自农场动物。光是该国 4000 万只羊和 1000 万头牛所嗝出来的气,就占了甲烷排放总量的 90%。

**白蚁**排放的甲烷量占全球总量的 4%。这些甲烷会在白蚁的后肠里生成,然后透过全身释放出来。

**秃鹰**遇到生命威胁时,通常会先呕吐给敌人看。它们呕吐并不只是出于惊恐,而是因为减轻了部分体重后,可以更迅速地脱身升空。而那些充满恶臭的呕吐物(在动物界是数一数二的难闻)对攻击者也有驱离甚至夺命的效果,已知有狗在接触秃鹰呕吐物之后死亡。

**大鼠**无法呕吐。很多动物都具有将毒物排出的呕吐反射本能,但大鼠没有。大鼠的胃与食道中间有一道阻隔,肌力不足以排出不被身体接受的物质,而它们的头脑也无法协调肌肉,作出必要的反应。弥补这一缺憾的方法是,大鼠发展出高度的味觉和嗅觉能力,避免自己吃进有毒物质;而且当肠胃不适时,它们还会服用黏土进行自疗,因为黏土能牵住胃壁,让恶心感消失。无法呕吐并非大鼠唯一的消化缺陷,它们还无法打嗝。

其他同样无法呕吐的动物还包括兔子、家鼠及日本鹌鹑。

## 酒酣之际：
## 会喝醉以及（偶尔）行为失控的动物

吸毒在动物界是常有的事。西非地区的**野猪**会挖伊博加（iboga）灌木的根来吃，那是一种明显会陷它们于疯狂状态的迷幻药。猫薄荷可以吸引猫，因为它含有能引发类似费洛蒙效应的致幻物质"荆芥内酯"。除了猫薄荷以外，它的日系姐妹品种木天蓼，同样也让豹等猫科动物们难以抗拒。

蘑菇是动物最难戒掉的毒品之一。有位知名的生态学家就看到过一只**豺狼**在吃了几朵蘑菇后，"像陀螺一样转个不停"；驯鹿也对这类致幻菇蕈相当着迷，其中又以蕈伞鲜红的毒蝇伞最具吸引力，这也是西伯利亚萨满教巫师所用的一种强力迷幻剂。驯鹿特别喜欢蘑菇，甚至会醉倒在食用过蘑菇的人所排出的尿液里。因此到西伯利亚冻原地带旅游的游客，都会被告知不要在户外便溺，以免遭到菇瘾发作的驯鹿攻击。

亚马孙丛林的**美洲豹**会嚼一种致幻藤蔓。这种藤蔓除了带来兴奋感，还能帮它们清除一肚子的寄生虫。

**狐猴**有自己专属的迷幻药——马陆。

马达加斯加岛的黑狐猴会轻嚼马陆，把马陆分泌出来的毒性化学物质当作驱虫液使用，不过这项嚼咬行为会让狐猴陷入迷幻状态。根据研究此一食性的科学家形容，嚼了马陆的狐猴不但眼皮下垂，口吐白沫，还"变得性感起来"，不过瘾头大概只维持几分钟，很快就会消退。

农场动物会被野草搞得疯疯癫癫的。

美国西部及墨西哥的牛、羊和马很喜欢一种俗称疯草的植物。这种植物是草的美味替代品，但事实上含有影响神经系统的生物碱"苦马豆素"，动物一旦吃上瘾就会变得愈来愈不正常：开始它们会离群独自进食，然后会出现撞电线杆、朝空中狂蹬等怪异举动，走路也是东摇西晃的。

由于食用疯草过量会致命，所以农场饲主想出了一套"戒草"计划，那就是在疯草里掺入过量盐巴，让动物们吃了就吐。

在印度北部锡金的高山地带，疲累的马匹会嚼苦涩的茶叶提神。无独有偶，墨西哥的**驮驴**也会啃食野生烟草，让自己振作一下。

**黑猩猩**跟人一样会犯烟瘾。西安秦岭野生动物园的黑猩猩"艾艾"在1989年首度丧偶不久，就开始捡拾游客扔进笼里的烟头来抽。等到它第二任丈夫在8年后过世，女儿也被送到别的动物园时，它已经成了一名老烟枪。直到2005年，艾艾才靠着全面性的治疗戒掉了烟瘾。

有只**腊肠狗**靠每天10根烟活到22岁。当狗主人捡到它时，就发现它很喜欢香烟：先把烟丝和纸卷吃掉，再把滤嘴吐出来。一般说来，尼古丁对狗是有毒的。

在**猴子**的世界里，吸毒是中下阶层才做的事。根据一项对猕猴社群所做的研究显示，主导力愈强、地位愈高的猴子，吸古柯碱的情况也愈少。科学家认为这或许是因为它们可以从欺凌、指挥小喽啰上面寻找到刺激。

**大鼠**胎儿若在子宫里接触到大麻，出生后会有多动和健忘的现象。

**山羊**有咖啡因瘾，而**蚂蚁**对花蜜难以抗拒。

**雄性激素**会让**大鼠**上瘾。

**古柯碱**会让**果蝇**过度亢奋。科学家把果蝇放进古柯碱雾气里，结果看到它们不停地打转，而且真的跑去撞墙。

发酵果实之于动物，就像乙醇之于人类一样。

**胡蜂**如果狂饮发酵果汁，最后就会醉倒。

鸟也有喝醉的时候。2005年，一大群**雪松太平鸟**在直接撞上办公大楼的玻璃窗后，被送进南卡罗来纳州的野生动物中心治疗。这几百只受害者显然是吃了发酵的冬青浆果才醉成这样。

**非洲象**特别喜爱马鲁拉(marula)果那种带有7%乙醇浓度的成熟味道。数百年来，人们始终相信马鲁拉果有让大象醉得东倒西歪的作用，不过某些科学家却质疑大象吃的量那么少，应该不至于会醉到那种地步。他们

认为大象之所以走都走不稳,可能跟它们把马鲁拉树的树皮也吃进肚里有关系。有种传统上被人们用来制作毒箭头的甲虫,会把蛹化在这些树皮里。

研究显示,**仓鼠**可以培养出比人类高40倍的好酒量,这相当于一个人一天喝掉一大箱酒——还看不出醉意。

跟人一样,仓鼠喝太多也会发酒疯,而且公鼠体内的雄性激素含量会明显增加,不过只要喂食葛根萃取物这种中药,就能抑制仓鼠的酒瘾。

**鸽子**吃坚果会醉。

塞舌尔**蓝鸠**以榄仁树的果实为食,不过这种坚果也有发酵的时候。蓝鸠如果食用了一定数量的发酵榄仁果,就会变得醉醺醺的,好几个小时都无法飞行。

要是人类饮酒能如鱼饮水,那该有多好。科学家已经发现红酒里的重要成分白藜芦醇具有延年益寿的神奇功效。不只**苍蝇**和**蚯蚓**服用这种物质后寿命增加了,**鱼**服用后影响更是显著。津巴布韦有一种原本只能活9周的鱼,在服用高剂量的白藜芦醇后,寿命增加了30%—60%。而且到12周大时,许多鱼不仅没死,活动能力和脑力还依然很旺盛。不过,科学家也提醒想跟鱼一样服用高剂量白藜芦醇的人三思而后行,因为那剂量相当于人类一天喝下72瓶红酒。

**印度猴子**有酒醉和行为失序的毛病。印度喜马恰尔邦80%的猴子住在容易取得烈酒的都会区,它们喝醉之后,会在汽车上跳来跳去或者咬伤儿童。

**蒙古大象**靠伏特加度过寒冬。世界知名的莫斯科马戏团的团员发现,喝伏特加可以帮马戏团的大象度过温度为-28℃的低温天气,每天饮用两升,就能达到驱寒的效果。

说到喝酒,**大鼠**就分成四大派。科学家把酒摆到一群大鼠面前之后,发现它们开始分成四大类型:滴酒不沾型、偶尔小酌几口的应酬型、逐渐增加酒量然后固定不变的善饮型,还有从头到尾都贪杯的天生酒鬼型。

**小老鼠**也会借酒浇愁。研究显示,经人类诱导而开始饮酒的小鼠,如果遇到气恼的事,酒会喝得更多。

加勒比海的**猴子**会被酒醉倒。

圣克斯岛的居民发现,如果用椰子壳盛当地的糖蜜酒然后摆在室外,可以把岛上的**长尾黑颚猴**引诱到家里,因为这些猴子通常都会喝得醉醺醺的。

根据一项科学研究显示,猴子有截然不同的饮酒习惯,7只猴子里就有一只滴酒不沾;而20只当中有一只是酒鬼,会狂饮糖蜜酒直到醉倒为止。

不过它们似乎没有宿醉的问题，隔天它们照样会醒来，然后继续再喝。

**驼鹿**的酒品是动物界最差的。瑞典的驼鹿尤其会糊里糊涂地把腐烂发酵的苹果塞进肚子里，其下场就是发酒疯。挪威曾经有慢跑者遭到驼鹿攻击；2005 年瑞典的马尔莫市也有一群醉醺醺的驼鹿包围一位老人的家，最后靠荷枪实弹的警察才将它们驱离。

# 第三部分

# 性不性有关系

## 动物和它们的爱情生活

鸟做那档事，蜜蜂做那档事，当然，有点常识的跳蚤也做那档事，而且因为繁殖竞争相当激烈，难免还会有针锋相对的时候——当然更别提那些粗鲁、暴戾甚至致命的攻击了。

　　不过动物也不完全是见一个爱一个，很多物种都要经历漫长而复杂（偶尔也很罗曼蒂克）的求偶过程，才选出一位够资格分享自己宝贵基因的伴侣。而且跟人类一样，它们办那事不见得都跟繁衍后代有关，有的纯粹只是为了享乐。也有些动物无惧一切，公开用嗷啾、吹哨甚至吼叫声，大声宣告自己在搞同性恋。

# 寻找理想的另一半:
## 动物的择偶标准

女人对邋遢男通常没什么兴趣,雌**织布鸟**也不例外。雄织布鸟如果把爱巢织得破破烂烂的,雌鸟就会断然拒绝与之交配;这时雄鸟就得把巢拆掉,重新打造一个新家,才能赢得雌鸟的芳心。

对某些种类的雌鱼来说,大小绝对有关系。研究显示,有十分之八的雌**大肚鱼**偏爱性器官(生殖足)较大的雄鱼。不过对天生条件佳的雄大肚鱼来说,这不全然是个好消息,因为那也代表着它们很容易成为掠食者相中的目标。

雌**鸣禽**较欣赏鸣唱曲目丰富的雄鸣禽。某些雌鸟如雌大苇莺,偏爱与歌喉最为宽广的雄鸟结为连理。科学家相信这是因为鸟类鸣唱曲目的多寡跟脾脏大小有关,而脾脏又关系到它们免疫系统的强弱。研究发现,鸣唱曲目丰富的莺鸟,寿命通常也比较长。

雌**军舰鸟**对最会"吹牛"的雄鸟感到心动。

雄军舰鸟在求偶过程中会鼓起喉囊,直到鼓得跟气球一样大为止;而

且谁能吹出最大、最红、最闪亮的"气球"，谁就能拥有最多的异性伴侣。不过雄鸟自己也要提高警觉，军舰鸟天生就有副尖喙以及横刀夺爱的野心，因此很可能会有情敌从半路杀出，把"气球"给戳破。

母**小绢猴**偏爱顾家的好爸爸，所以公小绢猴都会尽量让自己看起来像"新好男人"，而通常的做法就是，把小绢猴宝宝带在身边趴趴走。一般相信这是它在告诉未来的伴侣，自己带小孩很有一套。

母**鹿**钟情于鹿角长得最棒的公鹿。

为了长角，公鹿需要有多余的养分在体内流动，所以那些匆匆忙忙进食或者食量仅能满足最低生存需求的公鹿是很难长出角来的。相反地，如果一只公鹿头上长了树枝般的雄伟鹿角，那代表它的体能与健康状态良好，说明它知道去哪里取得鹿角生长所需的一切食物。再说鹿角也是具备御敌实力的一项证明，所以母鹿会对长相英俊的公鹿感到心动，也就不足为怪了。

**鹦鹉**要有荧光羽毛才够性感。无论是雌是雄，鹦鹉都对羽毛吸收紫外线后能发出荧光的对象感到难以抗拒。这种荧光我们通常看不见，科学家注意到几只死鹦鹉在荧光灯下发出炫幻光芒时才有了这项发现。

雌**蟑螂**喜欢体味重的异性。不过随着年纪愈来愈大，它们也会愈来愈不挑，甚至步上雄蟑螂的后尘——只要对方是异性，一概来者不拒。

俗话说"会发光的都是金子"，至少雌**蝴蝶**是这么认为的。雌蝴蝶对眼里闪烁着光芒的雄性特别有好感，那些光芒来自蝴蝶瞳孔对紫外线的反射；而它们自己也会闪动眼里的光芒，吸引雄蝶靠近。蝴蝶还会藉由被覆在翅膀上的艳丽鳞片，制造出闪亮耀眼的蓝色光泽。

**鱼**似乎也偏爱亮闪闪的风格。根据一项研究显示，雄刺鱼在春天筑巢吸引雌鱼交配时，如果用铝箔碎屑装潢新家，就能吸引雌鱼蜂拥而至。

雄**虾虎鱼**喜欢红肚皮的雌虾虎鱼。

公**长颈鹿**有种奇特的技术，可以测出母长颈鹿的排卵期。它会用头撞母长颈鹿的臀部使之排出尿液，然后像品酒专家一样舔取尿液样本，确认对方是否准备好受孕了。

母**田鼠**挑老公要看对方吃的食物质量。田鼠的择偶标准很严，它们要先用鼻子闻过几个可能的"人选"后才会作出最后的决定。科学家发现，吃过高蛋白食物的公鼠比较容易受到青睐。

母**黑斑羚**与**牛羚**在物色对象时，会优先考虑"家产"最为丰厚的公羚。

那些占据了草质肥美、绿树成阴的牧地，(甚至更好的是)连水源都不用愁的公羚，就是母黑斑羚与牛羚心目中的黄金"单身汉"，反之，名下只有一块贫瘠荒地的公羚是很难讨到老婆的。可以预见的是，这代表公羚之间会为了抢夺理想的地盘而展开激烈的争斗。

雌**燕**偏爱尾巴修长且对称的雄燕。尾巴发育不良或者不对称都是雌燕所嫌弃的，因为那代表了基因不够优良。

能掳获雌**灰山鹑**芳心的不是成天只知逞凶斗狠的肌肉男，而是随时看顾它们的体贴男。

雌**远鳚**会故意试探雄鱼,看它们是不是做父亲的料。雌远鳚会把一堆"测试用"的卵留给雄鱼照顾一两天,如果回来查看时那些卵还完好无缺,它们就会跟雄鱼进洞房。

雌**孔雀**心目中最理想的另一半是华丽尾羽上眼斑最多的雄孔雀。无独有偶,雌**蝴蝶**也倾向选择翅膀背面有最大眼斑的雄蝶当伴侣。

动物界里对择偶最为挑剔的动物大概是生活在美国加州的雌**招潮蟹**。根据一项针对招潮蟹社群所做的研究显示,它们平均要在勘查 23 位追求者的洞穴后,才会选出一位作最佳伴侣。有只未婚的雌蟹甚至参观了 106 个洞穴后才找到符合条件的配偶。

由于竞争激烈,非洲塞伦盖蒂草原的母**黑面狷羚**就算不择手段,也要把"好男人"抢到手。这些母羚会先打上一架,确定对公羚的占有权。而且有的母羚即使落败了,它也不会死心,有的会暂时让情敌获胜,等后者开始进行交配时,它再杀它们个措手不及。

雌**蹄鼻蝙蝠**喜欢共事一夫,而且代代相传。也就是说,祖母跟孙女的性伴侣有可能是同一个。英国伦敦大学玛丽皇后学院的科学家们相信,这是蹄鼻蝙蝠利用基因巩固社群的一种做法,但也让它们产生错乱的亲缘关系。根据多次的基因测试结果显示,一只雌蝙蝠常会跟它的阿姨成为同父异母的姐妹。

**冠毛小海雀**对性伴侣有非常特殊的口味偏好。这种阿拉斯加海鸟会用嗅觉寻找身体散发着柑橘气味的异性。至于原因何在,科学家尚未能作出解释。

# 诱惑技巧：
## 动物如何给异性留下深刻印象

雄**金丝雀**能用歌声让雌鸟意乱情迷。这些雄鸟会发出一种每秒 16 下如连珠炮般的奇特颤音，由于魅力实在无法抵挡，雌鸟会情不自禁地摆出姿势，表示自己已经准备好交配了。

人类不是唯一懂得用肌肉向异性"放电"的动物。雄**灌丛刺鬣蜥**有一套用来互相联系的复杂肢体语言系统，做运动便是其中之一。当它们想要吸引未来另一半的目光时，它们会做俯卧撑。

**大熊猫**会在树干上留下气味标记以吸引异性，母大熊猫是挨着地面撒尿，公大熊猫则把尿撒在树干上或用肛周腺摩擦树干。为了展现自己的雄性风采和优秀条件，公大熊猫都竞相提高气味标记的位置，而这个做法也衍生出"四大招式"，最简单的 3 种分别为蹲式、臀式及抬腿式；若想把气味标记留在更高的位置，它们就需要使出第四招，那就是难度较高的倒立式。

最讲究求偶炫耀的动物，莫过于**园丁鸟**了。

这种足智多谋的鸟的脑子比一般鸟类的要大，而且雄鸟会搭建结构繁杂的亭状建筑物，以博得意中人的青睐。有些园丁鸟会用树枝及贝壳、甲虫等闪亮物品来装饰自己的大亭子，有的则专门摆放蓝色饰品，让雌鸟一见倾心；有的园丁鸟甚至会盗取蓝笔、蓝色宝石碎粒或小珠装饰亭子，让自己的亭子看起来更加诱人。一些心理学家声称，园丁鸟的建筑技巧已经达到了跟人类艺术相提并论的程度。

雄鱼用沙堡打动雌鱼的心。**丽鱼**衔沙筑巢不只可以证明自己的建筑本领，也能让雌鱼藉由沙堡的高度，对自己的健康程度有个清楚的概念——沙堡堆得愈高，表示基因愈优良。

英俊水手表现出的迷人魅力连鱼都知道。雌**鲑鱼**偏爱闯荡过五湖四海，返家时变得更壮硕、更坚强、也更有经验与智慧的雄鱼。

雄**孔雀鱼**深知"要抓住女人的心，就要先抓住她的胃"，所以干脆扮成雌鱼最喜爱的食物。有鉴于雌鱼对橘黄色水果的喜爱，雄孔雀鱼会在腹部长出大块橘黄色斑，雌鱼光是看到这种亮澄澄的圆形斑点，就心花朵朵开了。

雄**刺鱼**的求偶仪式是海洋世界里最复杂、也最多彩多姿的一种。

每到产卵季节，这些小鱼就会变色，让原本青灰色的腹部转为亮红色，并且脱离鱼群打造自己的新家——在海底的沙床上挖出浅洞，再用肾脏分泌的黏液把收集起来的草叶加以黏合，砌建巢穴。

当新居落成时，它们的体色会再度发生变化：这次是背部换成具有吸引异性效果的青白色。

接着，雄刺鱼会跳起独特的"之"字舞，反复地急进急退，并且用身上的刺磨蹭雌鱼。如果雌鱼接受了雄鱼的磨蹭，雄鱼会侧着身体，把头撇向自己刚盖好的新房,叫雌鱼进去。等雌鱼产好卵离开巢穴,雄鱼就入巢使卵受精,然后细心呵护自己的下一代。毕竟好不容易才有了小孩,所以不出意外,剌鱼通常也是勤奋尽责的好父亲:如果发现小鱼脱队太远,它们会把孩子吞进口中,再回巢吐出。

**萤火虫**在五光十色中陷入爱河。这些小昆虫腹部有个靠一氧化氮点亮的"灯笼",雄萤火虫在寻找另一半时,会作出一连串经过精心设计的闪光行动,雌萤火虫也会以灯光秀作为回应。如果它们彼此看对了眼,激情戏码也就上演了。

**帆鳍花鳉**展现雄性风采的方式,就是帮助全雌种的亚马孙花鳉的卵受精。生物学家发现,尽管碍于亚马孙花鳉复杂的生殖过程,雄帆鳍花鳉无法获得自己的后代,但它们倒也没有白忙一场:雌帆鳍花鳉会觉得跟别人在一起的雄鱼更有魅力。

**北美麋鹿**会调配自己专用的春药。

麋鹿有一套复杂而且超有"男人味"的求偶炫耀行为,其中之一是用鹿角撞树,然后剥下树皮,不过它们最重要的一招还是叫春。麋鹿在发出深沉洪亮的叫声时,会同时把尿撒向自己的胸口、颈部和腹部;再用鹿角和蹄挖出一个坑,边打滚边继续撒尿,直到全身裹上尿味冲天的泥巴为止。

麋鹿自制的这款"古龙水"效果相当好,没多久就会有母麋鹿闻"香"而至,乖顺地低着头,准备以身相许。

**大银线蝠**的前翅带有"香水囊",因此又名双线囊翼蝠。雄大银线蝠会将阴茎摩擦喉咙得到的腺体分泌物跟尿液进行混合,自己动手做"香水"。等"香水"制成后,它们会把它注入前翅的囊袋里,然后飞到雌蝠身边

盘旋,让香味一阵阵地飘送出去。这种强烈的气味一向让雌蝠难以抗拒。

雌**螯龙虾**用春药征服雄虾。当雌螯龙虾想要做爱做的事情时,它们就把带有强烈费洛蒙气味的尿液射向雄螯龙虾的住所,这时暴躁的雄螯龙虾就会平静下来,变得服服帖帖的。为了让雄虾更快上钩,雌虾还会跳场催情艳舞,所以等到雌螯龙虾进入巢穴准备办事时,雄螯龙虾大概已经被迷得晕头转向了。这场交配仪式最后以雌螯龙虾一丝不挂而收场,因为它们必须先把壳脱掉才能交配,而且只有当身边有位高权重的"男人"陪伴,没有安全顾虑时,它们才会这么做。

**蛇**沉醉在强有力的爱抚里。为了挑起性欲,雄蛇除了用舌头爱抚雌蛇的背,用下腭磨蹭对方的身体外,还会继续向上按压后者头部,或让彼此的身体缠绕在一起,然后利用肌肉收缩产生波状的摩擦动作。如果这场前戏奏效,雌蛇就会伸直身体,表示自己已经准备好交配了。

大麻对**大鼠**有催情作用。

低剂量辐射能让**蚯蚓**性欲高涨。

**平原田鼠**比较喜欢在夏季的夜晚亲热,相反的,寒冷的冬夜会让它们性趣大减。

母**森鼠**看准了自己有奇货可居的优势,所以不会白白地以身相许——公鼠若要它们帮忙传宗接代,得先花点时间替它们理毛才行。

**企鹅**爱搞性交易。母的阿德利企鹅乐于跟公企鹅做爱,因为这样可以换取修缮巢穴的材料。

雄**南露脊鲸**可说是动物界最循规蹈矩的追求者,因为它们别无选择。

礼貌是鲸社群行为规则中不可或缺的一部分,就算在办终身大事时也一样:一头雌鲸最多可以跟 7 头雄鲸交配,但前提是后者们得先排好队。

身为一个在繁殖季节里雄性跟雌性呈现 10:1 差距的物种,雄**乌贼**必须很会耍心机,才有交配成功的希望。

因此,体型较吃亏的雄小乌贼特别发展出两种主要策略,第一种是在海床上选个隐密的角落,对雌乌贼打暗号。当大块头们为了争夺交配权而打得不可开交的时候,它们就偷偷跟雌乌贼幽会。另一种是改变体型和花纹图案,让自己看起来跟雌乌贼一样,以便顺利绕过那些块头比较大、比较有攻击性,正在守护着女人的大乌贼。只要它们一溜到空旷处,马上就会恢复男儿本色,跟雌乌贼翻云覆雨。

年长的**日本雄蟹**相信,只要善用计谋,自己一样不输给年轻小伙子。当年轻气盛的雄圆球股窗蟹在地上追着雌蟹跑的时候,年长的雄蟹就埋首在泥地里挖洞;因为有经验的雄蟹都知道,雌蟹一定会找洞穴产卵。等雌蟹上了门,这些大叔们就展开伏击并再度与雌蟹交配,因为它们晓得通常最后交配的那一位才是孩子真正的父亲。虽然这个做法很不光明正大,但起码到最后它们并没有忘记展现绅士风度——它们会把自己的家留给雌蟹,让雌蟹可以在那里抚养孩子长大。

S 代表"性",起码**孔雀鱼**是这么认为的。雄孔雀鱼表达交配意愿的方

法,就是摆个技术上所谓的双曲姿势。简单地说,就是把身体弯成S形。

**瓶鼻海豚**在交配前要先经历一场活力十足的求偶仪式。

雌雄瓶鼻海豚先是进行一场"男女对唱",再用吻部亲抚对方;接着它们会磨蹭彼此的身体与生殖器,碰触对方的鳍肢,再玩个你追我跑的游戏;最后,它们还会以互相撞头的方式表达爱意。

**雄斑光蟾鱼**对求偶有着各不相同的处理态度。这种动物的雄性会分成两种截然不同的类型:第一种比较晚熟,发声系统发育得比较完全,筑巢能力也比较好;第二种则拼命发展性器官,生长出达体重十分之一的生殖腺,也完全没有筑巢的打算。到了交配时期,这两种雄鱼的差别就更明显了:筑巢型的雄鱼会用优美的哼鸣声慢慢打动雌鱼的芳心;猛男型的则根本不在乎什么求偶仪式,它会直接闯入第一个有机可乘的空巢穴,跟抓到的第一条雌鱼交配。

**公乌龟**有好几种不同的求爱招式。母乌龟通常对那档事没什么兴趣,会闪避想要亲热的公乌龟。所以比较讲求浪漫的公龟会先用爪子挑逗母龟,让它们多待一会儿,再用爪子敲击母龟阖起来的眼皮数十下,征得母龟的同意;一旦母龟表达了接纳之意,公龟就会立刻冲到背后抢得先机。

然而这个方法不是每次都见效,所以有的公龟干脆直接啃咬母龟的四肢或龟壳,让对方在动弹不得的情况下屈服,最后再来一招"霸王硬上弓"。

有种**北美蛇**会使出最阴险的诡计,把所有雌蛇一网打尽。红胁束带蛇会藉由皮肤释放出的雌性化学物质,把其他雄蛇给骗上床。科学家相信它们这么做是为了榨干情敌的精力。接下来这些有异性装扮癖的雄蛇,就可以毫无顾忌地跟所有真雌蛇做爱到满意为止。

# 交配游戏：
## 动物界的性事

动物的性生活相当地南辕北辙。一头母**狮**在欲火中烧时，每隔半小时就想做那档事，而且一连五天五夜都是如此；以淫乱出了名的母**黑猩猩**已知能在一刻钟内与 8 只不同的公黑猩猩交欢。至于另一种极端是，有些**企鹅**一年只做爱两次(这恐怕跟它们拙劣的交尾动作有很大的关系，再不然就是因为它们很能接受同性恋这种事)。然而跟坚守一夫一妻制的**蜗牛**相比，企鹅算是很滥情的了，有些种类的蜗牛甚至一生只交配一次。

也许人、海豚(或许还包括狗)是唯一能享受性爱之乐的动物，不过母**猪**从自己的性生活中多少也得到了点满足，它们的性高潮可以长达半小时之久。

**美洲野牛**只要 5 秒钟就能解决性事。

**竹节虫**相对就要花上好几个月的时间。体型较小的雄竹节虫会巴着雌竹节虫的背不放，以便在雌虫继续过着正常生活时使其受孕。生物学家相信，雄竹节虫的霸占行径是防范其他雄性有机可乘，并确保只有自己的精子能跟雌虫的卵子结合。

**巴诺布猿**，也就是侏儒黑猩猩，是接吻时唯一会用到舌头的动物。

**狮**与**虎**可以结为连理。如果父亲是老虎,生出来的就是"虎狮";如果父亲是狮子,生出的就是"狮虎"。

**公鸡**是农场里的花花公子。精力充沛的公鸡要花数十分钟到一小时不等的时间跟母鸡交配,但如果它交配完了又有母鸡想要献身,它还是有福消受的;因为公鸡有办法预先保存精子,以备不时之需。

**扁虫**的性行为恐怕是最古怪的一种,科学家还帮它取了个名字,叫"阴茎击剑术"。扁虫是一种长了两根尖头阴茎的雌雄同体动物,它们所谓的交配仪式,就是用阴茎互相刺对方的皮肤,谁先刺中对方,谁就可以当雄性并把精子传送出去。至于输家,则必须扛下重担,让卵在自己的体内成长孵化。

**蟑螂**只有二十分之一的机会交配成功。雄蟑螂要献上自己的精囊才能让雌蟑螂怀孕,但因为精囊的蛋白质含量太丰富了,雌蟑螂通常会把它吃掉。

**弹尾虫**有一种极为讨巧也很优美的交配仪式。首先雄弹尾虫会制造几个装满精子的精囊,把它们紧紧排成一圈,围住雌虫;接着雄虫会跳一场活力十足的求偶舞蹈,把雌虫诱出那个圆圈。一旦雌虫被舞蹈表演迷得神魂颠倒,就是雄虫计谋得逞的时候了,因为经过雄虫的精心安排,其中一个精囊几乎确定会进入雌虫的生殖孔,受精过程也就跟着发生。

**拟乌贼**的交配仪式就稍微不那么优雅了点,雄拟乌贼通常是把一包精囊直接下在雌拟乌贼的脑袋上。

性通常也是狂乱的。美国新墨西哥州的**铲足蟾**生活在世界上最炎热的一个地区,经常面对可能飙升到 48℃的高温气候。基于这个因素,它们一年当中有 10 个月都在地底下度过;所以当雨季来临,好不容易可以到地面上透透气的时候,它们个个都像干柴烈火一样,急着解决自己的性冲动。铲足蟾们会利用这段宝贵的时间疯狂纵欲,等它们再度返回地下时,大多数雌蟾已经产下 1000 颗卵了。

对性事最不讲究的昆虫大概就是**沙蜂**。雌雄沙蜂都在地底洞穴里进行羽化,但出洞的时间不一样,雄性比雌性早。当雄沙蜂急速进入性成熟期,它们很快就会发现阳盛阴衰的残酷事实;所以只要一看到刚成熟的雌沙蜂钻出地面,成打的雄沙蜂就会狂扑过去,这时雌蜂只能在打成一团的雄蜂底下躲着,直到胜利者出线,开始办正事为止。

同样不懂得怜香惜玉的还有雄**束带蛇**。这种蛇冬天都在地洞里冬眠,但等到夏天来临,气温合适的时候,它们就会出来活动。雄蛇一向比较早出洞,而且会成团爬出来,在洞穴口守着。过了不久,当雌蛇一条条爬出洞穴时,多达百位的追求者就会立刻扑上去,把雌蛇交缠在一颗不停扭动的"大球"里,不到 15 分钟,雌蛇的输卵管里就塞满精子了。

不过,浪漫的爱在动物界还是存在的,陷入爱河的鲸就跟思春少年没什么两样。雄**南露脊鲸**和雌鲸交配时,首先会爱抚对方,然后把鳍肢交扣在一起打转翻滚,接着它们会并肩在海里同游,从喷气孔喷出水来,最后,它们以同步跃出水面的完美动作,为浪漫的求爱仪式画下圆满的句号。

# 身体部位：
## 跟性器有关的一些奇事

很多动物都有两根阴茎。举例来说，雄**鲨鱼**就有一对向上卷起的腹鳍，蛇、蜥蜴和某些甲壳动物也都拥有这份上天给予的恩赐。交配时有两根阴茎可供选择的雄蜥蜴通常倾向轮流使用，科学家已经证实它们会选用精子供应情况最佳的一根进行交配。

**蜘蛛**同样有一对阳具(须肢)，而且看起来很像它们嘴巴的一部分。

**蠼螋**也多了一具生殖器，不过那是它们应对交配意外所做的防范措施。蠼螋的交配风险很高，因为它们的阴茎不只比自己的身体(一厘米)长，而且相当脆弱，很容易在做爱时折断。

雄**红嘴牛文鸟**也有一根假阴茎，这是一个为极爱杂交的雌鸟提供刺激感的情趣用品。

**阿根廷硬尾鸭**的阴茎更是不可小觑。这种鸭子身长只有40厘米，却可以伸出长达43厘米的阴茎，这根阴茎的基部以刺毛包覆，顶端则像支柔软的刷子。生物学家相信，这把刷头可以用来清除母鸭性器里的旧精子，刺毛则能确保阴茎不会错位。当用不着它时，这个外观类似拔塞钻的器官就会整齐利落地收进硬尾鸭的腹部里。

**南露脊鲸**有根长 20 厘米左右的阴茎，从身材比例来看居所有鲸之冠。不过真正令人佩服的其实是它的睾丸。南露脊鲸的睾丸重达一吨以上，堪称是动物界之最。海洋生物学家相信南露脊鲸唯有携带那么多精子，才能在交配时靠着强大的精液量冲掉并取代前一头雄鲸所留下的种。

**三角姬蛛**被老天过度厚爱了。为了跟身材普遍比自己魁梧的雌性交配，雄三角姬蛛有两根硕大的性器官——须肢。不过这对器官占了身体重量的五分之一，活动起来很不方便；所以当雄蛛进入成年期，就会因为再也受不了拖着一对大怪物到处跑而把其中一根给"阉"掉。

**猪**也有个类似拔塞钻的阴茎，每次做爱时会射出半升的精液。

昆虫拥有超级复杂的性器官。

**欧洲兔跳蚤**的生殖器长得很像时钟的内部构造，而不像身体的一个部位，它有类似弹簧、杠杆、弯钩和倒钩等的附属配件。蟑螂有一组长得像瑞士军刀般的奇特身体构造。某些蜻蜓的阴茎顶端长有倒钩状的鞭子。

谁睡了我的"女人"？雄**臭虫**有办法找出答案。臭虫有种"智能型"阴茎，可以经由触毛得知另一半有没有跟别人私会过。至于雌臭虫之所以用情不专，则跟雄臭虫充满暴虐的性行为有很大的关系。雄臭虫在做爱时，会用针状阴茎猛刺雌虫腹部。

以前所有的雄鸟都有阴茎，现在只剩 3% 还长有性器。**天鹅**就属于这少数之一。

**果蝇**的精子长度几乎是自己身长的 20 倍，这相当于一个身高 1.5 米的人制造出长度超过 30 米的精子。

# 危险性爱：

## 性（或无性）有什么致命后果

雄**螳螂**交配是用生命当赌注。

许多螳螂的生活里并没有求偶这回事。雌螳螂所期待的是雄螳螂直接跳上来，二话不说就开始办事。但这也有个前提，那就是雄螳螂应该按照正确的方式来行动——从后方悄悄地爬上去，然后一把抓住雌螳螂的上半身。

如果不这么做，它就得为擅闯地盘付出惨痛的代价——雌螳螂会把它的头给咬掉。

有的雄螳螂则根本别想活着完成交配，雌螳螂会先吃掉它的头，再一边继续交配一边把它的身体吃掉。研究显示，雌螳螂这么做基于一个很好的理由，那就是藉由肢解雄螳螂的头与身体，让对方脑子里抑制交配的神经失去作用；一旦雄螳螂没有了头，不再抑制交配，雌螳螂就能一直嘿咻到自己痛快为止。

有些雄性动物无论如何都要让自己被另一半吃掉。

**澳洲红背蜘蛛**和黑寡妇蜘蛛有近亲关系，这种雄蛛在交配时会故意把腹部翻向体型比自己还大许多的雌蛛下腭，彷佛是在说："来吃我吧！"通常雌蛛也会笑纳，但它并不会一口就把雄蛛全部吃掉，而是让雄蛛调整姿势后再交配一次，然后继续享用这顿美食直到交配完成为止。最后，雌蛛还会用蜘蛛丝把雄蛛"打包"，留待以后再吃。

科学家认为雄红背蜘蛛之所以爱到热烈而惨死，原因有 3 个：第一，主动向配偶"献身"的雄蛛可以获得较长的授精时间，子代也会多增加一倍；

第二,如果雌蛛已经吃下一位伴侣,很可能会拒绝其他雄蛛的追求,这样为爱捐躯的雄蛛就更可能当上孩子的爸爸;第三,雄蛛的平均寿命只有几个月,雌蛛则有两年可活,也就是说交配后的雄蛛大概也没多少机会可以再嘿咻了。

昆虫界多的是"少男杀手",但是像某种雌**萤火虫**那样唯利是图的却很少见。这种雌萤火虫会用美人计勾引雄萤火虫,然后活活地把对方吃掉,不过这跟性或优势地位一点关系也没有。雄萤火虫体内能自然生成一种血清,用来对付它们的头号天敌——蜘蛛,但雌萤火虫没有这种血清,所以把雄性活活吃掉,就等于给自己打了一剂预防针。

雌**漏斗网蛛**也倾向在交配后把另一半吃掉,但有些雄蛛会使出一招妙计,让自己不会落入这般下场:它们会释放出一种麻醉气体,让雌蛛吸了之后迷晕,但仍然可以继续交配。

爱拈花惹草的**果蝇**嘿咻得快而且早死。受到交配压力和体力耗损的影响,雄果蝇的寿命通常都比较短。

要成为享尽艳福的猛男,也不是那么简单的。

雄**象海豹**在性方面是最标榜大男人主义的动物之一,这些重达4吨的庞然大物会为了争夺地位而在繁殖场上展开残暴的搏斗。由于在比较小的繁殖种群里,只有优势雄性才可以交配,所以竞争者们互相撞胸、撕咬脸颊与皮肤,直到其中一位胜出为止。不过胜者是否值得引以为傲还很难说,一只优势的象海豹虽然可以坐拥多达50位妻妾,但因为竞争十分激烈,就算它登上了霸主的宝座,还要继续提防其他雄性的篡位,其结果就是,它会长达100天没有食欲,并且遭受极大的精神压力。由于身心过于煎熬,妻妾成群的优势象海豹通常都活不长,除了极少数可以撑过3个交配季,很多都在占地为王后的一年内就被赶回老家了。

大部分的雄性动物都很好色,但像**蛾**那样无法自拔的并不多见。想做爱想疯了的雄蛾由于太渴望找到另一半,以至于当闻到可能当伴侣的雌蛾的气味后就丧失听力,无法听见蝙蝠等天敌逼近时所发出的声响。这种自杀式性欲跟蛾的寿命大概也脱不了干系,它们只能活14天。

雄**面包虫**想要用轰轰烈烈的爱结束生命。一项研究显示,雄面包虫在死前会关闭自己的免疫系统,把所有的精力都用来制造性激素,以期能吸引雌虫,再来一次最后的缠绵。

雄**蜂**也用轰轰烈烈的爱结束生命——它射精后就会爆裂身亡。不过虽然它的身体灰飞烟灭,生殖器还是继续留在蜂王体内,发挥着类似贞操带的功能,阻止蜂王再与别的对象交配。

由于雌**粪蝇**抖得太厉害,所以当雄粪蝇第一次骑上去做爱时,只会看到一团模糊的影像。不过要是明了雌粪蝇对献出处女身的不安,大概也就不足为怪了。在交配过程中,雄蝇的阴茎会损坏雌蝇的生殖道,让后者无法跟其他雄蝇发生性关系。

性对**袋鼬**来说也是一件要命的事。这种长得很像雪貂的有袋动物,只活一个交配季就会死去。

交配是很累人的,对**太平洋鲑鱼**来说尤其如此。这些鲑鱼会为了繁衍下一代远渡千里,而且仿佛嫌还不够累一样,在洄游过程中,雌鲑体内的

激素会分解掉它们的胃部,以腾出更多空间生育小孩。即使顺利抵达了繁殖场,考验依然没有终止,雄鲑们会激烈地争夺交配权,雌鲑也会互不相让地攻占最佳的产卵地点。无怪乎等到这场繁殖大战结束,数百万颗卵受精之后,这些雄鲑鱼再也没有体力支撑下去,绝大部分死去了。

如同人类世界一样,性也会威胁动物的健康。目前已有超过 200 种性传染病在动物身上发现,从灵长类到昆虫类都包括在内。

披衣菌和念珠菌会经由性接触在**鸟**之间传播。披衣菌也常见于**树袋熊**身上,并且会导致肺炎、关节炎与不孕症等多种疾病的发生。动物界也有自己的艾滋病毒,**猿猴**会得 SIV(猿类免疫不全病毒),**狮子**会感染 FIV(猫科免疫不全病毒),**瓢虫**等昆虫会死于一种经由寄生螨传播,跟 AIDS 很相似的病毒。

谈到性,很少有动物像**大象**那样脾气坏的。当公象准备交配时,会进入一种名为"狂暴期"(musth)的高度狂躁状态。

Musth 这个词出自原义为"醉"的波斯语,而这并不是巧合。当公象处于这种状态时,体内睾固酮含量会激增到平常的五六十倍,刺鼻的黏液会从脸颊旁边如篮球般大小的腺体里分泌出来,一天排出多达 300 升的尿液。这时大象会变得相当暴躁、具有攻击性。这种高度暴怒的状态会维持一星期到 4 个月不等的时间。(另一项对安抚它们没什么帮助的事实是:母象每 4 个月才发情一次,而且只有短短 48 小时。母象还会根据公象的分泌物判断对方够不够资格成为另一半,如果没达到标准,就会断然回绝。)在这段失恋期间,公象会因为苦无对象交配而难过得快死掉,除了日渐消瘦,头也会痛得很厉害。

随着交配期到来而在体内激增的大量睾固酮会让公**鸵鸟**的身体红得

发亮。它们的脸、大腿和长脖子都会变成鲜红色,而且受到的打击愈深,脸就愈红。

母**雪貂**可以连续 160 天都想做那档事,而且如果没办法在这段时间内找到另一半,很可能会因贫血而死亡。

## 优生学：
### 动物如何节育

**淡水螯虾**可以自我复制。有一种带有大理石斑纹的淡水螯虾，其雌性不必靠雄性也能产卵，它们的未受精卵会自行发育成熟，完成所谓的"孤雌生殖"过程。非洲蟑螂也用类似的方法进行自我复制。

**蛇**能创造"童贞女生子"的奇迹。已知某些包括响尾蛇在内的蛇种，可以在从未与雄性交配的情况下繁衍后代。至于它们怎么办到的，科学家还不清楚。

像雌**蟋蟀**这种偏爱杂交的动物都十分警惕，以免睡来睡去都是同一个对象。通常雌蟋蟀每晚都跟两只以上不同的雄性交配，所以它们会把气味标注在对方身上，以确保不会两次找上同一个性伴侣。

海鸥也有先见之明。雌**三趾鸥**对精子质量非常挑剔，因此相当注重配偶的选择。跟其他鸟类的雄鸟一样，雄三趾鸥的精子可以长期储存在体内，所以当雌鸥进行交配时，经常排掉先进入体内的精子，以取得更新鲜的精子。研究此一现象的科学家发现，雌三趾鸥这么挑剔是有道理的，接纳较为老旧精子的雌鸥，产下的蛋通常不容易孵化；有时就算孵化成功，雏鸥的健康状况也都不甚理想。

有些母亲会为了生男还是生女而选择不同的对象。举例来说，雌**蜥蜴**

的交配对象如果是体型较大的雄性,就生儿子;如果是体型较小的雄性,就生女儿。

很多动物都有自己的精子银行,让它们可以留待几周、几个月甚至几年后使用。比如**爪哇疣蛇**可以储存精子 7 年,其他蛇类与乌龟可以储存四五年。**火鸡**的精子储存得比其他任何鸟类都久,可以长达 117 天;相对地,**绵羊**和**猪**就只能放两天。

雄性动物也有优生概念。非洲的雄**马陆**有一记狡猾招数,可以保证自己"一举中的"——它们会把前一只雄马陆留在雌性体内的精子挖走,再把自己的精子射进去。

较瘦弱的雄**鬣蜥**会把精子储存起来备用。由于知道自己的好事有可能被大个子的雄**鬣蜥**给破坏,体型较小的雄**鬣蜥**都会事先射精,储存起来备用。

有些雄**果蝇**知道如何运用诡计,让另一半不敢有二心。它们的精液含有一种可将精子堵在雌性体内的蛋白质成分,以增加受精卵的产量;通常雌果蝇在办事后两天就可以另结新欢,但体内那些黏性强大的精子会让它们有 10 天都无法接近男色。

大海里多的是可以视情况改变性别的变性鱼。

举例来说,**双带叶鲷**生活在一条大型雄鱼控制一群小型雌鱼的世界里。一旦雄鱼离开了这群妻妾,体型最大的雌鱼就会篡位,把自己变成雄鱼。

这种性别反转的现象也发生在**小丑鱼**身上。过着一夫一妻式群居生活的小丑鱼通常以雌鱼的体型较为硕大，当一条雌鱼离开这群成员后，如果它的继位者是体型比雄鱼还小的雌鱼，这时雄鱼和雌鱼就会互换性别，以便拥有最多的产卵量。

有的变性物种甚至一生都可以随意地从雄性变成雌性，或再变回来，像**纹缟鰕虎鱼**就是如此。这种雌雄同体的鱼天生具备睾丸和卵巢，所以要制造卵子或精子都不成问题。海中最务实的变性动物大概非海鲈莫属，这种鱼一生都可以自由选择变男还是变女，而且从射精变产卵只要短短 30秒钟就行了。

有些物种很满意自己的无性生活。有一种以潮湿苔藓为家的微小无性生物**蛭形轮虫**会产下不用受精也能发育成熟的卵，而这种繁殖方法似乎蛮管用的，它们至今已经存在——也没有性生活——8500 万年了。

# 同志亦凡人：
## 动物界的同性恋

根据一份做得很彻底的研究结果显示,同性恋现象普遍存在于许多物种身上,包括狮子、长颈鹿、鲸、海豚、刺猬和吸血蝙蝠。其他令人大开眼界的真相还包括:母海鸥同志会共享巢穴合力抚养小孩,公海牛会开同志性爱派对,公鸵鸟会对其他公鸵鸟大跳求偶舞,雄狮会磨蹭彼此的头并在一起打滚、就像在进行某种同性交配仪式一样,同性鲸类和海豚会互相揉摸鳍肢,公长颈鹿喜欢耳鬓厮磨……这份研究报告还发现,同性恋动物也很爱口交,比如刺猬会互舔彼此的生殖器,公红毛猩猩也有一套"嘴上功夫"。

同性恋**海豚**的一些性爱招数非常新潮, 比如它们有把阴茎插入喷气孔的"鼻子做爱法",还有用声波脉冲刺激生殖器的"声音做爱法"。

农场动物也经常上演同志戏码。母**乳牛**常会骑到同性身上,不过这个举动是在告诉公牛它们已经准备好传宗接代了。

本该性欲旺盛的公羊,却会让带着它去跟母羊交配的牧羊人失望。

在繁殖季或配种期间,有高达 16%(也就是近六分之一)的公羊不会跟母羊交配,其中 6% 提不起性趣,10% 是同性恋。

如果以下这项研究获得证实,断背山上的男同志就不只是牛仔了。一位花了 20 年时间研究美国落基山**大角公羊**的科学家发现, 这群高山公

羊基本上就生活在一个同性恋社会里。

谈到性别，雄**西北蟾蜍**就有一个基本问题——它们根本区分不出性别来。不过雄蟾在进入求偶季节时不会被这个问题所困扰，它们只要遇到可能的交配对象，就会一把抓住直接嘿咻起来。也就是因为这样，它们的同性恋现象相当普遍。

**章鱼**也搞同性恋实验，但却基于一个不同的理由。由于数量原因，以深海为家的章鱼可能一生都没有多少交配机会，海洋生物学家相信，这让章鱼不得不把握每个跟同伴相遇的机会做性爱方面的尝试，而不管有没有传宗接代的可能。这种同性恋行为在水族馆及野生条件下都已被观察到。

大西洋**瓶鼻海豚**也有找不到性伴侣的困扰，于是在走投无路之下，它们被观察到会试着跟各式各样的动物进行交配，鲨鱼、乌龟、海豹、鳗鱼甚至人类,都有被它们热烈追求的记录。因此,同性恋和自慰会常见于海豚身上也就更不足为奇了。

**日本猕猴**也有同性恋行为,尤其以母猕猴最为普遍。根据一项研究显示,每日本猕猴在进入繁殖季后平均会跟 7 位不同的伴侣交配,但其中只有一半是公的。这跟它们办完事后母猕猴多半继续留下来理毛、休息及觅食,但公猕猴立刻闪人多少有点关系。

**洪氏环企鹅**的同志情谊可不是普通的坚贞。德国有个动物园曾经引进一群母企鹅以拆散 6 只男同志企鹅,但这个努力最后宣告失败。那些公企鹅变得更加亲密,而且当感觉母企鹅有生小孩的念头时,它们就把洞里的石头当成蛋来孵化,母企鹅马上也就性趣全消了。

鸭子有同性恋尸癖。一只公**绿头鸭**被发现强暴另一只因撞上鹿特丹自然历史博物馆玻璃幕墙而死亡的公鸭。那位目击者——也是第一次把这件事记录下来的人——看着活鸭对死鸭示爱足足 75 分钟;后来他再也看不下去,终于把两鸭分开,并对死鸭进行了验尸工作。

# 至死不渝：
## 动物的忠与不忠

　　尽管不多见，但坚贞的爱情在动物界确实存在，而且鸟类比其他动物更可能对配偶忠心，10 只当中大概就有 9 只是一夫一妻制的拥护者。（比较之下，20 种哺乳动物当中只有一种会这么做，而且只有长臂猿、豺狼和小绢猴表现出高忠诚度。）至于最用心经营婚姻生活的鸟，可想而知，就是始终黏在一起、爱抚对方、替对方理毛的爱情鸟。（不过它们在配偶死后并不会悲痛欲绝地守寡、守鳏，而是迫不及待地寻找另一份真爱。）其他较有可能跟另一半白头偕老的鸟还包括鹊以及加拉帕戈斯信天翁。最不忠心的则有毛脚燕与大红鹤，这些鸟伴侣们全都以"离婚"收场。

　　**鸣鸟**一向有着坚贞不移的美名。其他鸟类似乎不管怎么样，就是没办法不搞婚外情。甚至在某些例子里，有高达 75% 的雌鸟会背着丈夫偷腥。以白领姬鹟来说，大约 40% 的雌性会有外遇，而且几乎都是被前额亮出大白斑的雄姬鹟勾引走的。这些雄鸟有着难以抵挡的魅力，因为它们通常能帮忙生出白白胖胖的孩子来。

　　不忠可是会付出惨痛代价的。在**猕猴**群里，只有登上猴王宝座的公猴才有资格跟所有母猴交配，其他公猴都没有份。不过猴王通常只把最得宠的几位妻妾留在身边，因此没被选入第一梯队的母猴就会跟别的公猴眉来眼去，怂恿它们趁着猴王不注意结个露水姻缘。这些私通行为很多都能成功，但也有一些会被猴王或它的手下发现，而猴王报复起来则充满血腥而且致命。

**兀鹰**没办法谈三角恋。属于大型猛禽的兀鹰天生是一夫一妻制的动物，这或许跟它们需要战战兢兢地养育小孩有关。通常兀鹰父母必须花两年的时间细心守护、孵化并养育自己的独生子女。

所以一椿罕见的一夫二妻婚姻，就会造就出3个伤透脑筋的当事者。两只雌兀鹰虽然都为雄兀鹰产下了一颗蛋，但当一位母亲单独待在巢里时，它就焦急得坐立不安，好像搞不清楚哪颗蛋才是它要保护的，最后至少有一只兀鹰宝宝会死去。

怕老婆的雄**虎皮鹦鹉**会背着老婆在外面偷腥，而这样偷偷摸摸是有道理的。当雄虎皮鹦鹉被赋予一个偷腥机会时，老婆人在不在场跟它们是否付诸行动有相当大的关系。它们之所以那么谨慎很容易理解，那就是雌虎皮鹦鹉换个新老公其实并不难。而且如果偷腥事件败露，雄虎皮鹦鹉还得面临被老婆骂到狗血喷头以及被尖锐鸟喙戳得满头包的命运。

最严格要求对伴侣忠实的鸟类大概是**黑秃鹫**。秃鹫群里任何一位成员被逮到发生婚外情，都会被邻近所有同伴围攻。

做了父亲的**狨猴**特别不敢乱来。排卵期的母狨猴会散发出一种气味，让公狨猴的睾固酮含量直线上升；但如果公狨猴已经有了后代，它们会克制住自己的性冲动，继续当个忠实的老公。

**小公鸡**有简单但有效的方法抓住母鸡们的心——逢场作戏。

有鉴于母鸡性好杂交，小公鸡对身边成群的妻妾都看得很紧；为了讨它们的欢心，小公鸡会隔三差五地骑上去示好，但并不射精。

要是这些大小老婆们知道丈夫的双重标准，想必感觉会更糟糕。当小

公鸡遇到陌生的母鸡时,出轨大概是成定局的事。它们不但确确实实会做那档事,而且也愿意奉献出所有的精液。

# 第四部分

走入家庭
动物父母的磨难与考验

养家糊口是个充满未知数与压力的工作,如果嫌生产过程不够折磨人,后面还有喂食、照料与教养新生儿（在不少例子里数量多达上百个）的挑战,等着让父母精神崩溃。

　　自然界里的母亲与父亲们除了忙着应付那些大小事,还要不时提防掠食者（更别提那些会杀害或吃掉小孩的同胞或继父母）的致命威胁;而那些孩子们,又是怎么回报亲恩的呢?

# 璋瓦之喜：
## 关于动物生育的一些古怪事实

母**猎豹**的周围如果有其他的母猎豹，它就不会排卵。猎豹是最独来独往的动物之一，科学家相信其他母猎豹的存在会带来心理压力，扰乱这种大猫的激素周期。

母**袋鼠**只要进入青春期，一生都可以受孕并且分泌奶水。

**长颈鹿**站着生产。不过它们离地那么远并不会对宝宝造成影响——长颈鹿出生时至少有 1.8 米高，小长颈鹿以"一暝大一寸"的速率成长，一年内就可以长至出生时的两倍高。

母**鸽**无法在独处情况下生蛋。母鸽一定要看到其他鸽子，卵巢才能运作正常。如果没有其他鸽子可以帮忙，让它照镜子也行。

**孔雀鱼**爱跟邻居看齐，在生儿育女方面尤其如此。雌孔雀看到的邻居愈多，生的小孩就愈多。

温度可以决定动物宝宝的性别。一只**短吻鳄**是公是母，通常取决于鳄鱼蛋所在巢穴的温度，如果温度介于 32.2—33.8℃之间，就发育成公鳄，介于 27.7—30℃之间，就发育成母鳄。很多动物都发展出精准判断温度的能力，像鬣蜥就能感测出产卵沙地 1℃范围内的温度变化。而某些生活在澳洲东南部山区的雌蜥蜴，更善于利用这种方式决定小孩的性别，它们会控制体温，以便生出自己想要的不同性别的宝宝。

来自智利的稀有蛙**达尔文蛙**抚育孩子的方式相当特别。雌蛙一旦完成产卵，雄蛙就会接手保护那些卵，把它们全部含进嘴里。这些卵将会待在父亲的鸣囊里成长，等到孵化完成，雄蛙就会张开嘴巴让孩子们跑出来。

体型硕大的**翻车鱼**(或称曼波鱼)的卵巢可装载多达 3 亿颗的卵，远远超过任何一种脊椎动物。

**海马**的生殖方式独一无二，它们靠雄性怀孕生子。进行交配时，雌海马会把一条输卵管伸进雄海马的育儿囊里，让卵子顺着管子进入里面受精。基本上海马妈妈在孵育期间并没有太多的工作，每天隔 10 分钟探望一下怀孕中的海马爸爸而已。等过了 10 天至 6 周左右，胚胎发育成熟了，海马爸爸这自然界的终极孕夫还要独自经历分娩过程，上下抽挤着尾巴让海马宝宝来到世间。雄海马一次可以产出 20—100 只小海马，不过加勒比海有条雄海马，却创下了产崽 1500 条的惊人纪录。

北半球的鸟比南半球的鸟还要会生。研究人员相信，这是因为北半球的鸟经常面临更为严酷的冬天，它们下一代的存活率可能偏低。至于南半球的鸟，它们优先考虑的通常不是下一代，而是自己的死活。

　　压力对怀孕中的母**羊**和它们的小宝宝都有不良影响。研究显示,如果母羊妈妈在怀孕过程中充满焦虑,生出的小羊会变得紧张易怒,并且容易罹患高血压。

　　世上最小的陆龟可以生出自然界最大的蛋——照比例来看的话。身材相当迷你的**斑点海角陆龟**虽然身长不到 8 厘米,产下的蛋却能超过两厘米,也就是占身长的 40%,这相当于一个身高 152 厘米的产妇生下 60 厘米长的新生儿。

　　**鹬鸵**(或称几维鸟)所生的蛋照比例来看更是奇大无比。鹬鸵的蛋可以重达雌鸟体重的四分之一,这相当于一位人类母亲生下 16 公斤重的巨婴。

　　雌**虎鲸**平均每 10 年生产一次。小虎鲸出生时尾巴先露出来,而且平均重 180 公斤,长 2.4 米。

　　一般来说,鸡蛋壳不是褐色就是白色的。以全球四大产地所出的**蛋鸡**来说,只有地中海品种的蛋鸡会生出白壳蛋,欧洲、亚洲及美洲的蛋鸡则生褐壳蛋。要辨别一只母鸡会生出哪种颜色的蛋,最简单的方法就是看看它们的耳垂,地中海蛋鸡的耳垂是白色的,其他的则为红色的。

**大鼠**繁殖的速度快得惊人。以母家鼠为例,它们只要怀孕 3 周就能生下 4—10 只小家鼠。照这种动物的杂交能力看来,两只家鼠在 18 个月内就能繁殖出多达 100 万只的徒子徒孙。

动物能生下同胎异父的后代。根据一项针对美国地区的**白尾鹿**所做的研究显示,母白尾鹿生出的双胞胎分别来自不同的父亲。而且很有意思的是,双胞胎的父亲有年龄上的差异,一只较为年青,一只较为年长。科学家认为原因是年长的雄鹿会打断年轻雄鹿的交配过程,使母鹿再次受孕。这种现象在松鼠身上也同样看得到。

**大熊猫**成为世界上高度濒危的物种,跟它们效率偏低的繁殖习性很有关系。母熊猫每年只能怀胎一次,而且发情期只有 3 天;要是成功怀胎生下双胞胎(出现概率为 60%),熊猫妈妈也只会照顾其中一只幼崽,另一只常会因为被弃养而死亡。

初生的熊猫宝宝是最娇小的新生儿之一——跟母亲的身材相比的话。它们的重量介于 100—170 克之间,比一个苹果还轻,而且成长速度也很缓慢,要花 4 年时间才能发育成熟。

**大猩猩**也有更年期。母大猩猩的寿命可以超过 50 年,但从 37 岁起它们就无法生育。目前尚未发现其他动物会因为年龄关系而失去繁殖能力。

**动物**的妊娠期:

驴:365 天

熊:180—240 天

猫:52—69 天

鸡:22 天

牛:280 天

鹿:197—300 天

狗:53—71 天

鸭:21—35 天

大象:510—730 天

狐狸:51—63 天

山羊:136—160 天

土拨鼠:31—32 天

天竺鼠:58—75 天

金仓鼠:15—17 天

河马:220—255 天

马:329—345 天

人:253—303 天

袋鼠:32—39 天

狮子:105—113 天

猴子:139—270 天

小鼠:19—31 天

鹦哥(虎皮鹦鹉):17—20 天

猪:101—130 天

鸽子:11—19 天

兔子:30—35 天

大鼠:21 天

绵羊:144—152 天

松鼠:44 天

鲸:365—547 天

狼:60—63 天

# 母性本能：
## 自然界的最佳/最差母亲

刚当上妈妈的**蓝鲸**每天可以产出多达 420 升的奶——也非得这样不可，因为它们有个胃口超大的宝宝要养。蓝鲸宝宝的成长速度相当惊人，平均每小时可以长胖 4.5 公斤，每天能增加 110 公斤以上的体重。为了满足这种成长速度的需要，蓝鲸宝宝一天需要进食 50 次，每次可喝掉 11 升的奶。

所有的父母都知道，照顾新生儿势必牺牲睡眠。科学家发现，**虎鲸**及**瓶鼻海豚**竟然可以一整个月都不睡觉。它们之所以这么做，不单是为了提防掠食者来袭，也是为了帮小宝贝取暖，直到小宝贝们长出第一道可以隔绝寒冷的脂肪层为止。神奇的是，这种做法对亲子双方似乎都没有不利影响，母亲们在这段期间内还是很机警、很活跃。

**小海豚**黏着妈妈不放是有道理的。在出生的头 3 年里，小海豚都跟着母亲同游，而且总得费点劲儿才能跟得上，所以它们的应对之道是紧紧挨着母海豚的滑流前进，成为不折不扣的跟屁虫。

昆虫父母听不到孩子肚子饿时的哭闹声，因为幼虫不会叫。基于这个缘故，这些父母会打开身上小小的感受器，接收来自幼虫的化学信息，**土蜂**就是其中一例。有一项研究指出，所有的昆虫父母只需闻到一点点带有不适感的气味，就知道小宝贝要什么了。

　　**吴郭鱼**(莫桑比克口孵鱼)有项绝招可以保护幼鱼安然避开危险。吴郭鱼妈妈一遇到危险状况,就会张开大嘴把孩子吸进口腔,让它们待在里头,直到警报解除为止。

　　母**大鼠**能教出随机应变的孩子。在母爱滋润下长大的大鼠宝宝通常比较爱冒险,抗压性也比较强。

　　**松鸡**身上有一种可能招致杀身之祸的强烈气味,不过这种气味在它孵蛋时会消失,以便让自己和雏鸡都能躲避掠食者的攻击。

　　一般认为,在哺乳动物里,只有**斑鬣狗**会生下带有攻击基因并且在必要时不惜手足相残的幼崽。

　　助产在动物界并不普遍,但有些哺乳动物确实会对"产妇"给予支持。根据观察,猕猴、大象和瓶鼻海豚都有在生产时互助合作的例子,不过最令人大开眼界的要算水果蝙蝠。有只来自毛里求斯的**罗得里格斯狐蝠**曾经被人目击向一位新狐蝠妈妈示范生产姿势,并且在整个生产过程中不断替母子舔舐、理毛,最后这位"接生婆"还把蝙蝠宝宝带到妈妈的乳头前吃奶。

　　怀孕的**袋鼠**和怀孕的**沙袋鼠**都可以让胚胎暂停发育。当环境条件不理想,比如气候恶劣、疾病流行、食物短缺或育儿袋空间不足时,这些母亲的乳腺就会释放出一种物质,让胚胎进入所谓的滞育状态;只有当生存情况改善时,它们才会重新启动成长机制。

　　有些**企鹅**妈妈是不管"爱的教育"这一套的。南极企鹅妈妈把孩子放到"托育中心"照顾,而且喂食时间一到就会跑,让小企鹅追,只有赶得上的小企鹅才有东西吃。科学家认为这些企鹅妈妈之所以进行这项试验,是为了看看哪些孩子够资格让自己抚养。

**蜜蜂**很疼小孩,育儿室只要稍微出点问题,它们就会整晚不睡地守在幼虫旁边。一般认为昆虫界里只有蜜蜂才会这么做。

**马鹿**在喂奶方面有重男轻女的倾向。生活在西班牙的马鹿妈妈会为小公鹿提供蛋白质含量较高的奶水,科学家认为这是因为公鹿比母鹿在繁殖后代方面的作用更大。

有些**袋鼠**在树上长大。

新几内亚雨林和澳洲北昆士兰有一种稀有的树袋鼠,母亲们呆在树上抚育自己的孩子,以便躲过地面掠食者的攻击。

**欧洲椋鸟**会为孩子打造一间充满健康概念的婴儿房。这种椋鸟在繁殖期间会屯积野生萝卜叶、龙芽草、西洋蓍草与飞篷等多种植物,用它们布置自己的家。科学家认为这些植物可以有效预防鸟巢发霉和细菌孳生,也能阻止虱、螨、蜱的虫卵孵化,其中萝卜叶更可以帮助雏鸟拥有较为充足的血红蛋白。

身为单亲家庭的小孩不见得是件坏事,事实上它还可以带来某种好处——如果你是雄雀的话。由单亲妈妈独力抚养长大的雄**斑胸草雀**,会比由双亲抚养长大的孩子多获得 25% 的食物;不仅如此,这些单亲小子长大之后都比较有异性缘,雌雀只要看到它们身上那些多出来的壮硕肌肉就会心动不已。

　　**白鹭**妈妈会生 3 只小鹭,但很清楚其中一只铁定活不成。

　　白鹭只养得起两个孩子,不过为了保险起见,妈妈们会多生一个;当白鹭妈妈确定最早出生的两只雏鹭没有健康上的顾虑时,就会放手让它们杀死老幺。

　　**蟑螂**完全没有父爱或母爱可言,它们一孵化出来就得自力更生。

　　当心那些二奶**麻雀**。爱搞重婚的雄麻雀倾向照顾大老婆所生的小孩,所以其他小老婆都会采取激烈路线,把对手的小孩干掉。而这种雌性杀婴的行为在鸟界是相当罕见的。

　　人家骑马,我骑熊。**懒熊**都把小宝宝背在背上走。除了偶尔为之的人类父亲,它们是唯一懂得这么做的哺乳动物。

# 父性本能：
## 自然界的最佳/最差父亲

有些雄性配偶会出现产翁综合征。**小绢猴**及**狨猴**这两种来自巴西的猴子都会在另一半怀孕时明显变胖，有些狨猴的体重甚至会增加五分之一之多；不仅如此，这两种猴子都坚持一夫一妻制，而且相当恪尽父职，尤其是小绢猴，它们在养儿育女方面相当积极主动，而且比妈妈更爱带着孩子到处跑。科学家认为，大腹便便的症状有助于公猴们做好养家活口的准备。

其他种类的公猴则会在伴侣怀孕的最后两周制造泌乳激素。以母猴来说，泌乳激素的增加是为了让乳腺做好哺乳准备；在公猴身上，它却有助于准爸爸们接下育儿重担，而且愈有经验的准猴爸，制造出的泌乳激素愈多。

公**帝企鹅**所面临的育儿挑战跟其他动物一样艰难。这些企鹅爸爸必须花两个月的时间，顶着南极大陆的严冬，用身体盖住唯一的一颗蛋进行孵化。为了完成这项史诗般的英雄任务，它们事先都会努力增肥到40公斤左右，因为等蛋孵出时它们将只剩下一半重量。

雄**澳洲袋蛙**带孩子的方法相当新奇。雌蛙产下的卵孵化完成之后，雄蛙就会让小蝌蚪爬上自己的背，再顺着一道狭小缝隙溜进臀部的育儿袋里。这些蝌蚪会在里头待上好几个星期，依赖卵泡里剩余的卵黄维生，等到长大成蛙之后再跳出来。自这种行为第一次被人类发现开始，这种蛙就获颁了一个新封号，叫做"臀袋蛙"。

　　南美洲的**狨猴**是最全心投入父职的动物之一。公狨猴在母猴生产时会全程陪伴,并像接生婆一样为刚出生的孩子舔舐、理毛;接下来的几个星期,它还会扛起孩子的喂养与理毛工作,而且无论去哪里都把它们带在身边。这种亲力亲为的态度跟母狨猴的牺牲奉献有着很大的关系,刚出生的小狨猴体重可达母亲的四分之一, 相当于一个 63 公斤的人类母亲生出一个 16 公斤重的婴儿,而且生完后的母猴多半在两个星期内会再度怀孕。

　　当公**狮**加入一个只剩妇孺成员的狮群时,冷血的一刻就来临了,它会立刻杀死所有无力逃脱的幼狮。这项策略可以确保母狮在没有幼狮要抚养的情况下提早 8 个月发情,以便让新当家的公狮尽快繁衍自己的后代。

　　来自炎热气候地区的雄性最不守父职。有证据显示,热带地区的公**猴**在伴侣生产完毕后较有可能抛家弃子;相反地,生活在寒冷地区的公猴通常会待在伴侣身边,分担养儿育女的工作。人类学者相信这跟寒冷地区的低存活率有关,该地区的雄性守在妻小身边,为下一代提供了更大的生存机会。

　　**黑边天竺鲷**恐怕是动物界中最糟糕的父亲。这种雄性动物必须扛起照顾鱼卵的责任,它们的做法是让孩子待在自己的嘴巴里,直到成熟再放进大海。但遗憾的是,天竺鲷并不是一夫一妻制的鱼,如果它们发现比现任老婆更有魅力的异性,便会另结新欢;而为了不让对方发现自己带着一堆"拖油瓶",它们会把孩子吃掉。

## 小小恶魔：
### 令人头痛的小孩以及动物父母的应对之道

雄**虎皮鹦鹉**拿孩子没辙。虎皮鹦鹉妈妈一向按照严格的顺序喂食幼鸟，不会受孩子左右而出现偏心的情况；但虎皮鹦鹉爸爸就不一样了，当它们喂食小孩时，通常都把食物叼给叫得最凶也最不肯善罢甘休的幼鸟吃。

说到乞食演技，大概没有几个可以跟小**鹈鹕**相比。为了提醒爸妈自己嗷嗷待哺，小鹈鹕会扑到父母的脚边，在地上滚来滚去，甚至动口啄父母和兄弟姐妹；如果这招不管用，它们还会发一顿脾气，把场面搞得乱七八糟，好说服爸妈喂它们吃东西。

猫头鹰请蛇当保姆。为了保护小宝宝的性命安全，**鸣角鸮**会找来原本以地穴为居的盲蛇同住，用蛆虫填饱这些房客的肚子，让它们心满意足地待在巢里；而盲蛇就会在鸣角鸮妈妈离开巢穴时，负责吓跑任何心怀不轨想要偷走雏鸟的掠食者。这些盲蛇显然已经做出了口碑，因为每5只鸣角鸮中就有一只跟蛇同住；而且根据研究显示，在这种情况下长大的猫头鹰宝宝，成长的速度比家里没有盲蛇保姆的猫头鹰宝宝要快，存活率也较高。

在动物界，优质保姆同样不容易找。为了解决这个问题，**白翅山鸦**会绑架其他的鸟，叫它们帮忙带小孩。

**小斑鸫**即使早过了哺育期，还会继续向父母要东西吃，所以斑鸫父母不得不采取激烈的手段让孩子学会自立——它们到了用餐时间就跑开。

富爸妈较有可能养出赖家儿，在鸟界也是如此。研究显示，比较擅长收集槲寄生果实的**加州蓝鸲**，其子女在展翅高飞的时刻来临时，会出现两极化的行为：雌鸟会毅然离开家园探索新世界，雄鸟却会赖在父母身边，坐享丰厚的家产。

不顺遂的童年会让**大鼠**的智能受损。研究显示，童年时期承受过高度压力的大鼠，长大后脑会萎缩，并且失去记忆。

猴不轻狂枉少年。**长尾黑颚猴**在青春期的胆量远远超过婴儿期或老年期，它们甚至敢当着掠食者的面偷取食物。

把父母的话当作耳边风的青少年并不限于人类，**蝌蚪**在变成青蛙前可能会短暂失去听力。

# 当家庭失去一个生命：
## 动物如何面对哀恸

失婚或丧偶都会让**沙鼠**极度忧郁。沙鼠是一种会与伴侣建立终身亲密关系的啮齿类动物，一旦失去了另一半，它们不但会睡不好，个性也会变得封闭起来。

**海狮**妈妈在亲眼目睹小宝宝被杀人鲸吃掉时，会发出一种像尖叫又像哀嚎的悲痛叫声。

**海豚**会试图挽回死去孩子的性命。

**猿猴**可能会被悲伤击垮。有一只遭逢丧母之痛的黑猩猩，悲伤到与所有的同伴断绝往来，而且食不下咽，最后离开了这个世界。

同样地，一项观察显示，占优势的母**狒狒**会在失去亲密好友之后进入一段哀悼期。由于事件中被狮子杀死的狒狒始终都是优势母狒狒的理毛伴侣，也是唯一的心腹之交，所以在伴侣死后，优势母狒狒体内的压力激素"糖性类皮质酮"的含量会明显超过狒狒群里的其他成员。不过这位母狒王后来允许等级较低的成员为它理毛，压力获得了纾解。

**大象**对死亡特别敏感。

根据观察发现，象妈妈会在不幸夭折的孩子身旁守护多日，并且露出垂头垂耳的绝望神情。而亲眼目睹母亲身亡的小象，也会因为心灵深受创伤而在半夜里尖叫着醒来。

大象也会悼念死者，并且会齐聚坟场致意。

大部分的动物都对同伴的死视而不见，甚至会吃掉尸体，但大象看到同伴过世时，会有激动不安的情绪反应；而且它们对同伴死亡多年后所遗留下来的头骨和象牙，会花特别多的时间给予关注。

科学家认为大象可能真的会造访亲友长眠之地，但是关于年迈老象会前往"大象坟场"等死的说法，应该纯属谣传。

鸟也有悲恸的一面。根据观察，**灰雁**似乎会为另一半的死感到哀伤，它们的眼珠会更深地陷进眼窝里面，头也会低垂，露出无精打采的样子。

说到面对一颗破碎的心，没有动物比**斑马鱼**更有办法了，它们可以将残缺或受损的心肌补好。

# 第五部分

# 事关生死

## 最适应、最强壮、最聪明或手段最卑鄙者如何生存

我们管它叫"丛林法则"，这是自然界最基本的生存准则，同样也无情地强加在深邃海床和北极冻原上。有道是适者生存，而且整个动物界对适者的认定标准都很简单，那就是看谁能拿出最有效率的策略应付生存战争，无论是传统战、化学战，抑或是心理战。

# 毫不留情:
## 动物如何搏斗

大鼠用拳击解决纠纷。有两只住在秘鲁境内亚马孙河流域的母**棘鼠**,被镜头捕捉到互相出拳揍对方、抓对方、推对方长达10分钟之久。

公**袋鼠**以打拳击为乐。年轻公袋鼠会靠后腿站立,然后像拳击手一样朝对方挥拳,不过它们的游戏规则比较像泰拳而非正统的西洋拳击,用脚踹对方就是它们偏爱的防守招数。

许多公袋鼠都是这样一路打到大的,也因此锻炼出结实的前臂和宽广的胸膛,而且有些袋鼠就是因为看起来很魁梧,所以只要用胸口去撞或者像拳击手赢得世界冠军时那样炫耀下臂肌,就能把小公袋鼠给打败。

**蟑螂**会角斗到死为止。雄蟑螂为了争夺优势地位而开打时,会先摆出

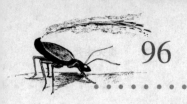

头低尾高的架势,然后用头去顶撞对方,如果其中一只成功地把自己的前胸背板(介于头与身体之间的背部突起部分)卡进对手的腹部下面,就能把对方抛翻到空中,使后者摔个四脚朝天;如果不成功,那么双方都会使出剪刀脚扣住彼此身体,然后不断打滚、互咬;通常到了这个地步,胜负也就立见分晓。而落败者即使保住了性命,也会因为元气大伤而在短时间内与世长辞。

**果蝇**会来场相扑大赛。根据科学上所做的观察,这种昆虫有两种招数,不是像筋疲力尽的拳击手那样用前肢抓住对方,就是像超重的日本相扑选手那样,想尽办法把对方推出相扑场地。

猕猴很懂得出阴招。

当**日本猕猴**打不赢另一只猕猴时,它会把目标转移到对方较为瘦弱的亲戚身上,而这通常都能阻止对方再度发动攻击。

另一方面,**短尾猴**则会等到敌人最脆弱的时候再出手。这种猴子会等待对方做爱的时机到来,然后跟多达数十名的帮派分子一起在对方刚好到达高潮的那一刻扑上去。

有道是知己知"葵",百战百胜。**海葵**靠军事化组织发动攻击,它们也有战斗兵、侦察兵等不同军种之分。

海葵以群居的方式栖息于海洋边缘,当海潮消退时,一切相安无事;但当海潮涨得很高,使得某一群海葵流落到另一群海葵的地盘上时,混乱的场面就出现了。首先,海葵侦察兵会寻找适当的地点作战,当它们执行这项任务时,海葵战斗兵就撑起具有刺丝胞的特殊触手,把武器准备好,而另外一个军种的海葵,则会负责复制出新的海葵,增加军队的人手。

这些由两名战斗兵用触手发动攻击的战争通常短而残忍,成功刺中对手,会在落败者身上留下一个使其疼痛不堪的刺丝胞;而大概过半个小时,整场战争就落幕了。

**野生公马**用朝对方嘶吼的方式为打斗暖身。科学家相信这种嘶吼仪式是野生公马炫耀自己强大的肺活量和强壮体魄的一种方法。这些马儿很清楚,谁叫得最久,谁就有可能成为赢家,而这也多少解释了为什么半数的野马斗殴都以一方临阵脱逃而草草收场。

把**知更鸟**当成和平与祝福象征的圣诞鸟其实眼神大有问题。别看胸羽红艳的知更鸟一副小巧玲珑的样子,其实它们生性好斗,经常会为了争夺地盘而开战;而且经由观察发现,知更鸟还会无缘无故地骚扰林岩鹨。知更鸟以猛啄对手脑袋作为攻击招数,但这也为它们带来了反效果,鸟类学家相信,10 只知更鸟里就有一只会在落败时因头骨破裂而死。

如同足球迷一样,鱼在看其他鱼打架时也会跟着激动起来。科学家相信,这些旁观鱼体内的睾固酮含量之所以升高,是为了应付随时有可能波及到自己的冲突场面。然而跟足球迷不同的是,它们的睾固酮含量并不会随着终场哨音响起而结束,**吴郭鱼**在观战之后,会处于激动不安的状态中长达 6 小时之久。

美国**螯龙虾**可以嗅出自己何时落败。螯龙虾靠嗅觉辨识同伴,而且好斗的雄螯龙虾特别会用嗅觉分辨对方是不是自己的手下败将,一旦它们嗅到陌生的气味,便会展开攻击。

很多动物需要为自己的暴力倾向找出口——即使找不到发泄对象。有的是跟自己打架,比如**獴**和**鸡**会攻击自己的尾巴,**白鹡鸰**也被观

察到会对着汽车保险杆上的扭曲倒影做出挑衅之举。

　　至于想打架想疯了的动物,大概非**黄尾蓝雀鲷**莫属,它们会找食物来单挑。

# 天生杀手：
## 自然界的终极职业杀手

鲨鱼甚至还没出娘胎，就当起了杀手。

**沙虎鲨**妈妈一次能制造出数百个胚胎，每个胚胎在子宫里发育时，都会长出锋利的牙齿，然后自相残杀；经过三四个月的弑亲大战，只有少数占优势的鲨鱼胚胎可以进入最后一回合的决斗；等到唯一的一位生存者胜出，它就被母亲生下来，全面展开自己的杀戮生涯。

海洋生物学家在研究这些鲨鱼胚胎时也实际领教了它们的厉害，有一名生物学家在检查沙虎鲨妈妈的子宫时，被鲨鱼胚胎狠狠咬了一口。

**雪茄鲛**靠阴险的伎俩捕捉猎物。雪茄鲛腭部下方有条黑褐色环带，很容易让其他的鱼以为它们比实际个头小很多。而且由于具备发光细胞，当它们在表层海域游动时，从海面上透射下去的阳光可以提供掩护，导致鲔鱼等掠食性鱼类从下往上看时，难以分辨出雪茄鲛的整个轮廓，只以为是唾手可得的猎物。等它们游到鲛旁准备大开杀戒时，才会猛然惊觉自己中了致命圈套，这时雪茄鲛会充分证明自己是名副其实的 cookie-cutter-shark，它们会从受害者身上啃下一块又一块形似饼干的圆形肉块。

**日本蜂**一旦在巢里逮到大黄蜂，就绝不手下留情。蜂巢内的数百只蜜蜂会团团围住这个恶徒，然后利用体热把它活活烤死。

**蜘蛛**是很有手腕的猎食者，而且会为猎物量身打造特制的蛛网。已知

南美的蜘蛛会用网孔较细的小型网猎捕苍蝇,织出网孔较粗的大型网捕捉白蚁。

**响尾蛇**之所以摆动尾环发出声音,是为了帮自己充电。等它们全身充饱静电之后,就可以靠电流感应得知哪些地方可供躲藏或觅食。

**蛇**靠收紧身体把猎物勒死。有条蟒蛇被测可产生每平方厘米一公斤以上的力气,相当于人类握手最大力气的6倍。

鸟界最了不起的猎捕者大概是海鹦鹉,尤其是**凤头海鹦鹉**,它们可以衔着6—20条的鱼浮出水面,有一只甚至被记录到衔了65条鱼在嘴里。

**虎鲸**是自然界最足智多谋的掠食者之一,它们的猎捕招数相当多。已知虎鲸会撞翻浮冰让海豹及企鹅落海,也会用尾鳍拍击水面以冲落岩石上的小鸟。不过这些都没有它们为鲨鱼准备的一招厉害,那就是像鱼雷一样由下往上撞击这些深海对手的腹部,使其肚破肠流而亡。

**长吻鳄**吃东西总是吃得一点都不剩。长吻鳄的消化液有很强的酸性,可以分解动物的皮毛、骨头甚至头角。

有些动物即使在技术上宣告死亡,还是危险得很。

以**响尾蛇**为例,它们在中枪后还可以回咬。一项针对蛇死后反击能力的研究就提到,有条响尾蛇中枪后,头在砍断了5分钟后才终于停止活动;但当猎人捡起断头时,它突然朝他狠咬下去。而且它还反击了两次!

似乎觉得自己看起来不够可怕一样,南美的**巨型捕鸟蛛**会发出一种类似强力胶被撕开时的恐怖嘶嘶声。

**角蛙**用高明的伎俩诱捕猎物。角蛙能靠伪装让别人只看见它的一条腿,然后它们会扭动两根脚趾头,做出像是蠕虫或昆虫幼虫在动一样的效果,蜥蜴、老鼠、鸟或其他蛙类一旦被吸引过来,就会被角蛙用几乎跟身长一样宽的大嘴巴给吞进肚里。

**家猫**已脱离了野生环境,但它们的猎食技巧一点也不输给那些老虎近亲。根据一项针对两百只以上家猫所做的研究显示,家猫一年可以猎杀10—50只不等的动物,小鼠、大鼠、蛙及其他爬行动物、金鱼和近50种鸟类都包括在内。这项研究也让人看到家猫的猎捕行动有多么轻巧敏捷,因为颈部挂有铃铛的猫所捕捉到的猎物数量,跟没挂铃铛的猫一样多。

# 我抓得住你，我在你皮肤里：

## 寄生虫如何致猎物于死地

自然界处处有寄生虫存在，这些寄生于较大型动物的小型掠食动物，非常懂得如何在宿主体内安身立命。有种甲壳类寄生虫就以鱼的嘴巴为家，一点一点啃掉鱼的舌头，最后甚至当起舌头的替身，一边接收、品尝与传送食物，一边从中汲取食物精华。

洗脑型寄生虫可以要求宿主做任何事。例如有一种入侵雄美国蜉蝣的寄生虫，能"说服"它们的宿主变性。

有的寄生虫会将宿主去势 *。

一旦一只寄生虫进入宿主体内，它就等于卷入了一场夺取血液与组织的持久战，由于不想攻击宿主的维生器官或脑部，它会把目标转向可有可无的东西，如性器官。自然界最心狠手辣的阉割者，要算会入侵毛毛虫的**胡蜂**以及附着在蟹壳内的**藤壶**。

寄生在蚱蜢体内的**毛细线虫**，会对宿主注射一种影响头脑正常运作的综合化学剂，迫使蚱蜢跳水自杀。然后这些寄生虫就可以自由自在地游动，做好寻找下一名受害者的准备。

有一种靠大鼠为生的寄生虫会逼使这些啮齿动物主动投入它们的头

---

\* 将动物以外来的方式除去生殖系统，使其丧失功能称为去势。——译者。

号天敌(也就是猫)的怀抱。等猫吃了大鼠后,这种寄生虫就在新宿主体内继续自己的生命周期。

**肝吸虫**会对蚂蚁进行洗脑,叫它们爬到草叶的最顶端。肝吸虫之所以这么做,是为了让蚂蚁有更多机会被绵羊吃掉,从而顺利进入它们最终宿主的体内。

有些动物会用化学物质操纵别人为自己效劳。当**大蓝小灰蝶**还是毛毛虫的时候,它们会释放一种类似红蚁幼虫身上才有的化学物质的气味,让红蚁百依百顺地为自己扛起喂养、梳理及保护之责。

一条**绦虫**可在人体内活 18 年,总产卵数可达 100 亿粒之多。

不过也不是所有的寄生虫都那么精明。当**寄蝇**进入灯蛾幼虫体内之后,它们会对宿主进行洗脑,使其味觉发生变化并开始以别种植物为食。不过遗憾的是,灯蛾幼虫所选择的新植物含有毒性,这反而会害寄蝇送命。

# 大规模毁灭性武器：
## 动物的御敌法宝

**热带蚁**会用一种类似中世纪刑具的装置捕捉猎物。法国科学家发现，一种生活在南美雨林区的蚂蚁会把猎物引诱到它们用植物纤维和真菌黏合而成的像海绵一样充满洞孔的陷阱里，然后从洞孔拉住受害者的脚和触须，使其动弹不得；等到其他蚁群成员接到信息蜂涌而至后，再集体进行肢解。利用这种陷阱装置，蚂蚁就能捕捉到体积比自己大很多的猎物。

**放屁甲虫**会对攻击者喷洒滚烫的化学液体。科学家还发现，这种致命武器的发动装置跟第二次世界大战中的德国 V1 火箭所装的发动机，有着异曲同工之妙。

放屁甲虫的攻击火力恐怕鲜有动物能比得上，但有种生活于雨林之中、像蠕虫又像螯龙虾的有爪动物，能力却也与其相去不远。这种动物会由头部腺体发射出力道强劲的恶臭黏液，然后利用其类似 502 胶水的快干效

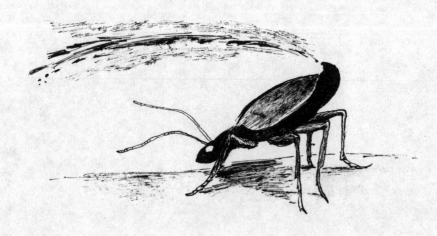

果,把猎物牢牢捆住。

放眼天底下的水母,就属**箱形水母**的出手最猛。这种澳洲本土生物是唯一会引发"伊鲁康吉综合征"的物种,以人类来说,患上此症会并发剧痛、恶心、呕吐、致命性高血压,产生长达数天之久的垂死感。

在蚁冢入口站岗的**白蚁**工蚁,都随身佩戴一把"喷雾枪"。这些白蚁的头部前方有个可喷出物体的鼻状突起物,一旦蚁冢遭到食蚁者的威胁,它们就会朝对方开火。

**蝎子**有多种毒液可以选用。当蝎子觅食时,它们会发射出可麻痹苍蝇或蛾等昆虫的轻度毒液;但当它们面对掠食者的威胁时,轻度毒液就会换成足以让大型动物丧命的剧毒液体。

**火蝾螈**把喷射枪随身背着走。当火蝾螈感受到威胁时,首先会将身体前倾,然后透过皮肤上的大型腺体喷出强效毒液,用以攻击受害者的神经系统并麻痹其呼吸系统。尽管身长只有 25 厘米,火蝾螈的毒弹却能发射1.8 米之远。

**臭鼬**御敌时从屁股喷出的液体,堪称是动物界最有效的吓阻武器。这种由多种化学物质混合而成的恶臭液体会顽固地残留在受害者身上。如果这位仁兄在接下来的几天里碰到了水,那么臭气熏天的程度还会加重。

**斑臭鼬**发射臭弹前会先倒立。靠前脚支撑悬空身体,斑臭鼬就能把肛腺分泌物的喷射距离拉到最大,它们最远可以射中 4 米以外的目标物。

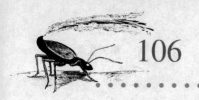 

**獴**是毒蛇克星。獴之所以具有哺乳动物界公认的稀奇本领，是因为蛇的毒液对它们无效。

**蜂鸟**是击剑高手。这种体型极为娇小的鸟具有高度的侵略性，而且会对威胁到自己领域的其他鸟展开空中伏击。它们都配备了尖针似的鸟喙，可以用来戳刺敌人，有时候甚至能致对方于死命。

**蜻蜓**是昆虫界的隐形轰炸机。蜻蜓可以制造一种错觉，让自己在飞行时呈现静止不动的样子。只要靠着这项绝招，它们就能神不知鬼不觉地接近猎物，然后给予致命的一击。

**射水鱼**会喷水打落昆虫。

雄**蝉**有个妙计可以除掉情敌。它们会趁对手交配时撒出强力尿柱，把对手从树上击落。

**河马**的领域争夺战一向激烈，在准备交配时更是如此。公河马宣告自己地盘的方法就是向情敌泼屎泼尿。

**章鱼**靠独门绝活吸引猎物。有种栖息于大西洋的罕见红章鱼，每只触手上都有一排像纽扣般突起的吸盘，它们能让这些吸盘发出一闪一灭的光芒。

世界上最大的羚羊——**伊兰羚羊**身上有个可怕的武器，那就是长可达 1.2 米、足以刺穿一头狮子的螺旋状头角。遗憾的是，它们有个先天上的缺陷,很容易让自己落入一个重要天敌(也就是猎人)的手里:走路时伊兰羚羊的膝盖会发出响亮的咔嗒声,猎人在几十米外就能听见。

**墨西哥蜥蜴**靠一种特异武器赶走比自己大很多的掠食者。索诺兰沙漠的**帝王角蜥**在遇到攻击时,眼睛会喷出血来,连土狼都会吓得退避三舍,逃之夭夭。**角蟾**也身怀这项绝技。

其他狠角色还有:**电鳗**可发出超过 300 伏特的电力,足以让一个人毙命。全世界最毒的蛇——澳洲的**内陆太攀蛇**,一口毒液就能杀死 40000 只体型中等的大鼠,也难怪它们会有凶猛太攀蛇这个更为人熟知的名字。体型娇小的南美洲**钴蓝箭毒蛙**,身上所携带的毒液足以让 100 个人丧命。因为 2 微克毒液就能杀死一个人,而一只钴蓝箭毒蛙平均带有 200 微克的毒液。

**日本大黄蜂**的毒液强到可以溶解人类的皮肤和组织。

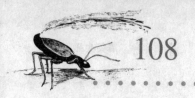

# 小虾对大鲸：
## 让人跌破眼镜的宿敌组合

**大象**怕**蜜蜂**。非洲象喜爱剥除刺槐树皮吸取汁液，但它们会避开有蜂窝的树皮，以免遭到攻击。目前已有大象被凶猛的蜂群追着逃命的记录。

不是所有动物都怕**响尾蛇**。尤其是**加州地松鼠**，它们一向不把这种很吵的掠食者放在眼里，不仅会扑向蛇捉弄它，而且还会朝蛇的脸上泼沙子。

**蛇**会对移动中的物体产生敌意。这就是为什么当它们看见弄蛇人的长笛在它头上随着节奏摆动时，会从篮子里冒出头来。笛声在这里并没起太大的作用，因为蛇的听力很差。

**英国野兔**比**狐狸**还要狡猾。一旦发现有狐狸逼近，英国野兔会停下脚步，站着不动，表明自己的存在。即使知道自己跑得比狐狸快很多，野兔还是会静静地待在原地,跟狐狸正面接触。这招几乎总能奏效,能成功地让狐狸离开现场。科学家认为狐狸一旦发现自己曝了光,追捕野兔的兴致就会大大消退。野兔就是抓住了这点,所以干脆把逃跑的力气也省了下来。

**放屁甲虫**是地球上最令人生畏的生物之一,但也不是所有动物都怕它们。

有些**蟾蜍**会以闪电般的速度翻出超黏的舌头,捕捉放屁甲虫,然后趁后者还来不及发射滚烫的化学毒液之前把它塞进嘴里。有些蜘蛛会吐出能收缩的蛛丝裹住甲虫,以免被毒液伤到。

不过最有办法对付放屁甲虫的动物要算**食蝗鼠**,它们可以迅速地逮住甲虫,使出橄榄球运动员的擒抱招数,把甲虫翻转过来,让其致命的尾部埋进土里;当惊吓过度的甲虫在土里发射毒弹时,食蝗鼠已经开始悠闲地享用大餐了。

**野兔**可以只身抵抗一群哈士奇犬。挪威一起攻击事件的报道指出,有只"大而彪悍"的野兔跳进一群擅闯地盘的哈士奇犬当中,挥爪击打它们的鼻子;那群完全摸不着头脑的狗僵在那里瞪着野兔,而野兔也毫不畏惧地回瞪它们。

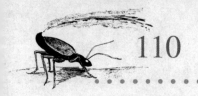

# 脱逃高手：

## 自然界里高明的幸存者

**蜥蜴**可以断尾。如果蜥蜴的尾巴被掠食者咬住了，它们会干脆把尾巴丢掉，直接逃命去。

很多海洋生物也有弃肢求生的本领，螃蟹、螯龙虾和海星都包括在内。海星可以只靠一只触手存活；螯龙虾如果弃绝一只螯，这只螯会紧紧掐住攻击者，为主人制造脱逃机会。而且，这3种动物都有办法重新长出新肢。

只有极少数的动物具有像海参那样极端的自卫机制。

跟**海星**及**海胆**有近亲关系的**海参**，就如同其英文名称 seacucumber（sea 海，cucumber 黄瓜）所说的一样，具有植物般的外形，而且活动力不强。它们附着栖息于海床的岩石上，不时会面临被鱼类掠食的危险。

为了自卫，海参会施行一种在科学上称为"自主性"的行为：把大部分的内脏经由身体前端或后端排出。海参通常切断的是肠子，偶尔也包括肺。有的海参会把性腺和消化系统一并喷出来；有的海参则强迫自己"发生疝气"，然后喷出消化器官和一堆黏黏的丝状管子，把敌手紧紧缠住。无论吐出什么，海参这种令人叹为观止的自残行为都能成功地误导敌人，让那些掠食者以为它们已经肚破身亡。其实只要保住5%的身体，海参就有办法再生。

**野螟蛾**幼虫堪称是自然界的终极脱逃高手。这种毛虫在遇到掠食者时，会以比爬行快39倍的速度往后摔，连续来五六个后空翻。

目前唯一已知会用金属盔甲保护自己的动物是只**小海螺**。这只5厘米长的小海螺仅在2001年被人发现过,而且名称不详;它身上的保护甲胄含有金属硫化物成分,其中包括俗称"愚人金"的黄铁矿,据说这层盔甲可以用来抵挡其他海螺的"毒镖"攻击。

**三带犰狳**在遇到攻击时,会把自己蜷成一个近乎正圆的球体。它们会收起耳朵并让头尾相连,只露出一身盔甲外衣,脆弱的腹部于是得到了保护。

**斑马**身上的条纹是自然界最巧妙的伪装之一。科学家认为,这些条纹与非洲稀树草原上流动的空气线条相一致,从数百米外看过去,斑马几乎跟波光闪动的水平线融为一体。不仅如此,这些条纹还有保护斑马免于被吸血昆虫叮咬的功效。

**鸵鸟**并不会把头埋进土里,不过它们倒是会趴在地上,把脖子伸得长长的,为的是避免被掠食者发现。

**日本平家蟹**的背甲上有个酷似古代日本武士的脸,因为如此,它们又有"关公蟹"之称。在日本,传统上人们相信这种动物带有古代武士的亡魂,所以这种螃蟹在被捕捞后又会放回海里。

亚马孙雨林的**蚂蚁**懂得跳伞求生。这些住在距离地面达30米的高高树梢上的蚂蚁,经常招架不住强风的吹袭;然而一旦被吹落,它们立刻用脚着地然后重返树上。大部分的蚂蚁通常都能在吹落后的10分钟内回到原处。

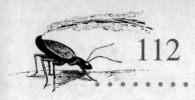

**河豚**一旦察觉到危险,就会把身体当气球一样拼命地吞水。看到这种夸张的气球样体形和往外张开的棘刺,掠食者就算想吞也吞不下了。

当**海豚**生病或受伤时,它所发出的哀嚎声可以立刻召来援手,同伴们会努力把它带到海面换气。

**蟑螂**即使无头也能活 9 天。不过跟一只活了 18 个月的无头鸡相比,它们可差得远了。美国科罗拉多州有只名为麦克的小公鸡,在被一位农夫用斧头斩首却意外留住脑干之后,硬是活了一年半之久。麦克的主人后来采用滴管喂食的方法,把食物和水直接滴进它的食道里。

自始至终,麦克还是不忘进行啄食等无谓尝试,而当它试着啼叫时,顶多只能发出咯咯声。麦克最后因食道梗住而死亡。

# 得奖的是……：
## 动物如何靠演技脱身

模仿是动物界常见的一种自卫方式，很多动物都有办法让别人把自己当成另外一种东西。印度尼西亚某座岛上的居民很害怕一种俗称两头蛇的小蛇，尽管它只有20厘米长而且没有毒性。这种蛇的尾巴上带有酷似眼镜蛇头部的斑纹，当受到威胁时，它们会把头埋进土里，然后把尾巴拉平抬起，像它的有毒近亲一样展开攻击。至于它们是如何学会模仿眼镜蛇的，目前还是个谜，毕竟眼镜蛇并不是该岛的本土物种。

无独有偶，**加州牛蛇**也会假装自己是响尾蛇。当牛蛇面临危险时，会张开颌骨扩张头部，发出响亮的嘶嘶声，并且剧烈地抖动尾巴。这个声势就足以让大部分的掠食者退避三舍。

巴西有只**天蛾**幼虫也用类似的方法保护自己。当这只幼虫受到威胁时，它会鼓胀自己的胸部，看起来就像是一只毒蛇的头。

即使是**眼镜蛇**也需要虚张声势。眼镜蛇的颈背部可以像伞一样张开，以便让自己看起来更巨大、更凶猛。

**蛙**也会唬人。蛙有一种据信可用来驱敌的策略，那就是发出低沉的呱呱声，让对方以为自己比实际的还要大。

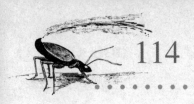

堪称幻觉系大师的**竹节虫**，不仅能靠树枝状的身躯隐藏自己，还能产下外表甚至气味都跟植物种子相似的卵，防止下一代被掠食者发现。

**尺蛾幼虫**的避敌方法就是伪装成自己最喜爱的食物。在春天，它们会假扮成橡树的柔荑花序；到了夏天，它们则会换上酷似橡树枝条的外观。

**章鱼**是伪装高手。有种澳洲章鱼可以模仿海草，印度尼西亚海域的一种章鱼会把自己裹成球状在海床上滚动，生物学家相信这可能是在学椰子随波逐流的模样。

有种全身布满条纹的章鱼不但是即兴表演大师，而且擅长模仿多种动物——尤其是有毒的动物。这种章鱼能张牙舞爪地扮成毒狮子鱼，也能像毒比目鱼一样全身贴在海床上起伏移动。它们还特别为其最大的天敌(也就是雀鲷)保留了最厉害的一招，那就是把 6 只腕足放进一个洞，只露出其余两只，让自己看起来像条死掉的海蛇。科学家相信这些演技精湛的章鱼或许也可以假扮成串珠双辐海葵和魟鱼。

蝴蝶一路靠着欺敌大法闯过生死关。面对着主要天敌也就是蓝山雀的威胁，**孔雀蛱蝶**会闪动长着眼斑的翅膀，让攻击者搞不清楚自己看到的究竟是一只眨眼的猫头鹰，还是其他有可能率先发动攻击的大型鸟类；就在蓝山雀陷入犹豫的这个空档，孔雀蛱蝶乘机脱逃。

# 第六部分

# 工作、休息与玩乐

## 动物的生活方式

无论看起来多么怪诞，动物所演化出来的生活模式不但行得通，而且通行了数千年之久（那些行不通的则正在走向灭绝）。就跟人类一样，动物界的生活大师也相当懂得在工作、休息和玩乐中找到平衡点。

# 六尺风云[*]：
## 浅谈动物的职业

**隆头鱼**是天生的按摩师。隆头鱼靠那些愿意让别人清洁自己身上死皮碎屑与寄生虫的鱼类为生，但要是被它不小心咬到了皮，那些鱼类马上就会离开，另找他人；所以隆头鱼学会了给客户来段身心舒畅的按摩，好让客户愿意再度光临。

有些**蜜蜂**会成为殡葬工，把死去的工蚁移出蜂巢。一般人相信这些蜜蜂是等级比普通工蚁还高的成员，所以具有较高等的行为。

有的幼鸟会当家庭帮手。**灌丛松鸦**年满一岁后并不会马上离巢繁殖下一代，而是继续待在巢里过着家庭生活。这些小松鸦不但会清理巢穴、守护巢穴，还会帮助父母抚养弟妹。这种行为在鸟类中相当罕见，当然也没有表面上看起来那么无私无我：与其冒着生命危险在别的地方过着漂泊生活，还不如待在巢里等待适当的对象到来；而且一旦有意中人出现，它们就会抛下手边的家事私奔而去。

**黑猩猩**可以当牙医。已有黑猩猩群被观察到把木片当成牙签，互相帮助清洁牙齿；另外黑猩猩病患也会静静地坐着，让黑猩猩牙医用木片牙签仔细剔除牙缝里的食物残渣。

---

[*] 美国电视连续剧，讲述发生在美国小镇一间私人殡仪馆内发生的故事。——译者

鸟和**蜜蜂**不是唯一会传递花粉的动物，**沙鼠**也为一种稀有的非洲百合提供类似的服务。

**袋鼠**是挖土高手，它们可以为了取水而挖出深达 1.2 米的大洞。

蝴蝶是自然界的化学家。非洲的**斑蝶**可以合成 200 多种不同的化学物质，其中很多还是人类未知的成分。

唯一生活在南美的熊——**眼镜熊**，可称得上是贡献卓越的造林工作者。眼镜熊会通过粪便将月桂树的种子撒播到各处，以便确保这种价值不菲的硬木不虞匮乏。

"辛勤工作死不了人"，这句英文俗语对**大黄蜂**来说并不成立。有项针对加拿大昆虫所做的研究报告，把辛勤觅食的工蜂和爱赖在巢里的懒惰蜂做了寿命上的比较，结果发现工作认真的大黄蜂明显早死——主要原因是它们的翅膀遭到了严重磨损。

一只**蜜蜂**大概需要飞 1000 万趟，才能酿造出 450 克的蜂蜜。

# 到哪儿都能干活：
## 自然界的万事通

昆虫界的万事通——**蚂蚁**，堪称是最卖力工作而且涉足各行各业的一群动物，以下谨列举少数几个例子：

"武警"：当大**切叶蚁**把叶片搬回蚁窝时，小切叶蚁就负责押后，随时注意掠食者的踪迹。

"园丁"：根据科学家的说法，自然界最精通园艺的动物——蚂蚁，已经有 5000 万年耕种真菌的历史。

蚂蚁很早就懂得分配工作的重要性。例如切叶蚁就有个专属的除草队。由于切叶蚁依赖真菌提供食物，因此为了避免栽种出有问题的真菌，除草队的成员会去除真菌上感染病虫害的部分，拿去做堆肥。它们还会维持环境的整洁。

为了让真菌顺利生长，蚂蚁还研发出多种除虫剂。有些蚂蚁会把一种强效抗生细菌装进身上的特殊囊袋里，以便用来抑制一种会破坏真菌收成的寄生虫。

此外它们也发明了除草剂，可以根除不想要的植物。有一种生活于亚马孙雨林中的蚂蚁会毒杀植物，只留下单一树种，形成当地土著口中所称的"恶魔花园"。而它们阻止闲杂植物生长的方法，就是施用自制的除草剂——蚁酸。

"挤奶工"：有些种类的雌蚁会用触须或前肢碰触蚜虫，使其分泌乳汁。

就像乳牛供应牛奶一样,蚜虫也能生产蜜露供蚂蚁食用。蚂蚁填饱肚子之后,就会回到蚁窝将蜜露反刍出来,让其他同伴分享。

"碾磨工":收割蚁中以这种工蚁的数量最多,它们会在小工蚁把种子收集回来之后,用大颚去除种子的外壳,取出富含营养的中心部分。

"老师":有一种蚂蚁在觅食时会出现老手带新手一起同行的现象。老手会藉由一种被科学家名为"前后跑"的教学法告诉新手正确的觅食路线,以便后者日后可以遵循此法。

这些做师父的都颇有耐心,每当徒弟停下脚步熟悉周遭的环境时,它们也会跟着停下来,直到徒弟触碰其后肢和腹部表示可以继续前进;如果徒弟落得太远,它们还会放慢脚步等对方赶上。虽然如此一来,为师者要多花好几倍的时间才能到达觅食地点,但科学家相信,蚁群受这趟教学之旅影响所导致的损失,可以通过多教会一只蚂蚁认路而得到补偿。

"殡葬员":切叶蚁也能当殡葬工,它们会组成一支小队,专门负责把死去的同伴移到真菌园附近的堆肥场里。

# 技术性劳工：
## 懂得利用工具的动物

**黑猩猩**会使用工具。科学家已经观察到黑猩猩会使用多种工具，其中包括凿子、打孔器，以及一种可伸入蜂巢吸食蜂蜜的蘸取器。

**大猩猩**涉水越过池塘或湖泊时会先用棍子测试深度。目前人们已经拍到照片，捕捉到它们拿着长达一米的木棒涉水而过的模样。

**蚂蚁**会用"电锯"。这种锯子的开动原理就跟它们发出摩擦音的一模一样，都是通过后腹两个不同部位互搓而产生震动，不过此时的震动是传达到颚部，以便让它们更容易锯断要带回巢穴的叶片、花朵、茎干以及其他植物组织。

**大黄蜂**靠"水平仪"搭建比例近乎完美的几何型蜂巢。大黄蜂会藉由一种微小矿晶的辅助，得知该以何种角度构筑巢壁及屋顶。不过更令人难以置信的是，大黄蜂是在一片漆黑的工作环境下使用"水平仪"的。至于这项工具如何准确使用，科学家们自己也还在黑暗中摸索。

生活在太平洋新喀里多尼亚岛上的本土物种——**新喀里多尼亚乌鸦**，是唯一被公认会自己制造工具的鸟类。目前已经有科学研究记录到它们制造不同取食器具的过程，其中包括用植物制成可伸进树洞或树干勾取蛆虫的弯钩状用具。在一项科学实验里，有只新喀里多尼亚乌鸦甚至自

动折弯了一根铁丝，从瓶子里钩出实验人员预先藏好的食物。

这些绝顶聪明的乌鸦甚至还成立"研发中心"，不断改良它们的制造方法。根据一项研究发现，它们似乎会在群体里分享使用心得，从彼此身上得知哪些做法行得通、哪些做法行不通，以便作为日后改良的参考。

海豚会使用海绵。**瓶鼻海豚**在觅食时嘴上会衔块海绵。科学家认为这些海绵可以帮助它们将猎物铲离原本够不着地方。

猛禽懂得以石击卵。根据观察发现，**埃及兀鹫**会使出不同招数击破外壳较硬的蛋：如果蛋比较小，它们就会先用喙叼住它、起飞，然后让蛋从空中坠落。如果遇到的是鸵鸟蛋这种较难移动的巨蛋，它们就会改用另外一招：这些兀鹫会从空中扔石头，直到蛋被打破为止。黑胸钩嘴鸢也被观察到会用相同的方法击破鸸鹋蛋。

# 甜蜜的家：
## 动物如何营造家的感觉

**欧洲椋鸟**热爱居家布置。它们会用各式各样的叶片装饰鸟巢并且定期更换，每年春季还会举行一场大扫除。

蝙蝠会盖棚屋。**巴拿马蝙蝠**会把叶片整齐排列，搭成如印第安人的圆锥帐篷一样的窝。

鹦哥住的是公寓式建筑。南美洲的**和尚鹦哥**会搭起一系列层层叠叠的鸟巢，最高甚至可达 15 层。

**白蚁**的家堪称是昆虫界里最令人印象深刻的建筑。世界上最大的一座白蚁冢出现在澳洲，基座直径达 30 米，高度有 6 米。非洲有座白蚁冢虽然基座直径只有 3 米宽，高度却将近 13 米。

有些甲虫以中心会发热的植物为家。例如圭亚那的**金龟子**就住在夜晚内部温度比外面高 4℃ 的花朵里。不过这些植物也不是无条件地提供免费住宿，当金龟子待在里面以花粉为食时，会顺便替植物完成授粉工作。

如同我们对美国国鸟的预期一样，**白头海雕**筑起巢来也是大气十足。这些大老鹰夫妻每年会双双回到原有的巢穴，不断进行扩建工作。目前纪录上最大的巢有 2.9 米宽，6 米高，重达 2 吨以上。

在深海里过着游牧生活的**带尾新隆鱼**每天晚上都盖新家。这种隆头鱼会收集海床上的各种碎石,然后用这些小东西堆成一栋小屋;它们在里头过夜,第二天早上拆营离去。

**鸟**会用天然香草装点居家环境。

很多鸟类都有在巢穴内垫上芳香草叶的习惯,蜂鸟就是其中之一。科学家已经发现这些草叶各有不同用途,如蓍草的叶子可以驱蚊,有些植物可以杀菌,有些植物则只是单纯用作遮阳。

**大鼠**用月桂叶布置鼠窝。科学家认为它们之所以把这种香料植物放在睡觉的地方,是为了驱赶寄生虫。

**白蚁**靠"樟脑丸"保持居家整洁,这种跟人类用来驱除衣蛾的樟脑丸成分一模一样的含萘物,可以避免蚁冢遭受火蚁等害虫的入侵。

有些动物爱用新鲜粪便。**梅花雀**为了保护家园不受掠食者侵扰,会让巢穴充满更大型、更凶猛动物的干粪味。如非洲的梅花雀会采集稀树草原上的大型肉食动物粪便,然后洒在巢穴四周;其他种类的梅花雀则会捡拾充满粪味的大型鸟类的羽毛。无论靠什么方法,这些味道都在告诉掠食者,攻击它们的巢穴恐怕不是什么好主意。

**穴鸮**到外地收集粪便不只是为了驱赶掠食者,也是为了引来美味的佳肴——粪金龟。它们会把粪便当成诱饵,然后像渔夫一样耐心地等待猎物出现。

**寄居蟹**是换屋一族。寄居蟹常把软体动物死后留下的废弃螺壳从海床上挖出来,当成自己的家;不过由于生性挑剔,对自己的屋子不满意的寄居蟹常会聚拢起来,互相交换住所。

**海狸**会打造专属自己的水上乐园。
海狸用石块、树枝和泥巴建筑水坝,也会搭盖可由水底进出的屋舍来御敌。这种行为对环境究竟有利还是有害,目前人们还存在两派意见。有些人认为海狸建起的水塘替许多动植物创造了生机,在生态系统的维护上功不可没。但也有人怪罪它们是造成全球气候变暖的祸首之一,理由是海狸用淤泥和腐枝烂叶当作筑坝材料,而且经常让洪水泛滥成灾,制造出气候学家所谓“数量惊人”的甲烷及二氧化碳等温室气体。

雌**胡蜂**懒得自己盖房子。有的胡蜂妈妈会先让别的雌蜂盖好巢室,然后趁机据为己有,以便省下更多力气抚养小孩。

# 美女与野兽：
## 动物对健康、卫生和美貌的讲究

有些**鸟**会擦化妆品。迁徙性鹬科鸟类在求偶时，翅膀表面会自然生出一层蜡。这层化妆蜡被认为不仅可以吸引异性，也有助于孵卵工作的进行。

**埃及兀鹫**靠一种极为独特的"脸"部保养品来达到美容效果，那就是其他动物的粪便。埃及兀鹫偏爱拥有一张光彩夺目的脸庞，因此它们都会吃牛粪或羊粪，以便从中摄取丰富的叶黄素。当摄入的这种色素达到足够量时，兀鹫的"脸"色就会从暗淡惨白变成黄艳光亮。这不仅是它们英俊潇洒的象征，也显示出它们具有强健的体力，可以对抗所有跟粪便一起吃进肚里的寄生虫。

很多鸟都用"蚂蚁牌"抗菌乳液呵护毛发。它们会捕捉并捏碎蚂蚁，然后把稀乎乎的蚁浆涂抹在羽毛上，让蚂蚁体内的抗菌分泌物释放出来。至于无法取得蚂蚁的鸟类，它们也有其他身体乳液可供选择，例如捏烂的马陆或金盏花，有些鸟类甚至被目击到利用烟蒂里的烟丝搓揉身体。很显然，这些东西全都含有抗菌成分。

动物会自己做护理液。

**北美棕熊**会收集藁本植物的根部，然后把它嚼成糊状并涂抹在毛皮表面。科学家认为这个做法可让棕熊的毛皮保持健康清洁，避免孳生寄生虫。同样的，生活于巴拿马地区跟浣熊有着亲缘关系的南美浣熊，也用当地一种橄榄科植物的汁液为自己理毛。

猴子有自己专用的驱虫液。**僧帽猴**会寻找并捏碎马陆,然后把这种含有毒性化学成分的润肤乳涂抹在身上。

猴子在接受理毛服务时,会产生一种类似人类吸食海洛因后飘飘欲仙的陶醉感。

**环尾狐猴**有一口梳子般的牙齿,所以它们都用嘴巴理毛。

"长发"在公**狮**之间始终流行,而且鬃毛留得愈长、愈有光泽、颜色愈深,就表示它愈有魅力——也能让愈多其他的公狮惧怕。这个现象其实有道理:鬃毛较长较深的公狮,通常拥有较高的睾固酮含量,较不容易受伤,营养较为充足,健康状况也较佳。不过即使是森林之王也有致命弱点,根据红外线研究发现,公狮头颈部的厚重鬃毛会产生的大量热量,因此当它们在空旷的稀树草原上活动时,很容易流失体力。

不过在狮子的世界里,秃头也不尽然是件坏事。

生活在肯尼亚察沃国家公园里的公狮非常独特,它们有稀疏的金黄色

狮毛、络腮胡和胸毛，但就是没有鬃毛。不只如此，根据研究显示，这些公狮的性生活很活跃，还有专属的母狮随侍在侧。而有鬃毛的公狮必须跟其他1—3只公狮共享性伴侣。这不禁让人想到，它们顶上无毛的现象或许是男性雄风的象征，就跟人类一样。

大部分的鸟类都有洁癖，但土生土长于北极冻原的**岩雷鸟**，却会故意让全身沾满泥巴。可以料想的是，这八成跟性有关。为了躲避隼等掠食动物以及跟季节环境融为一体，岩雷鸟会在白雪皑皑的冬季自然而然地变成雪白色；等夏天到来，白雪融化，大地变成土黄色，白色羽毛就会退去，换成比较斑驳混杂的颜色。雄岩雷鸟在冬天时会故意把羽毛弄得脏兮兮的，好让自己更加显眼。科学家认为它们去除伪装是为了向未来的伴侣展现自己的男性气概，一旦找到了另一半，这些岩雷鸟就会洗去污泥，再度隐没在银白色的荒原里。

**螃蟹**保持干净的方法就是做沙子浴。它们一埋进沙里，就会藉由摩擦沙粒，刷掉堆积在背上的迷你藤壶以及细菌。

**豪猪**靠岩石磨尖牙齿。

动物也很注意自己的饮食或者调整饮食习惯，以确保得到均衡的营养。**步甲虫**和**蜘蛛**就被证实是对吃很挑剔的动物之一。在一项实验中，研究人员首先限定它们摄取高脂或高蛋白的饮食，后来在它们有机会自行选择脂肪或蛋白质时，它们都选择先前没有摄取到的食物。

当生物学家提供多项食物给**鳟鱼**挑选时，它们都偏向摄取高蛋白质食物并远离脂肪与碳水化合物。科学家认为肉食性动物也有饮食均衡的概念，以腐肉为食的狼和猫科动物就会针对不同的营养需求而摄食猎物的不同部位，比如它们会啃嚼猎物的骨头以便补充钙质。

**无螯龙虾**对健康和卫生问题相当重视，也很注重品味。无螯龙虾在用完餐后，会把触须拉进带有许多迷你刷毛的嘴巴里清洁一下，而它们对谷氨酸钠(味精的成分)这种自然含于海生植物、也常见于中式快餐里的有害调味料更是敏感得很，只要一察觉到食物里含有这种成分，就会马上清洁触须。

**河马**会流橘红色的汗。科学家相信这些汗水是一种抗菌防晒乳。

# 李伯大梦*：
## 动物如何进入梦乡

已知有些动物会在睡觉时经历快速动眼期(REM)，例如**大鼠**和**鸭嘴兽**。也就是说，这些动物会做梦。

有头**领航鲸**也被观察到做了一个长达 6 分钟的 REM 梦。

"半梦半醒"这句话可套用在许多动物身上。

举例来说，**瓶鼻海豚**为了提防掠食者攻击，每次只靠半边大脑入睡。它们会阖上半边大脑和一只眼，让另一半的大脑和眼睛保持开启；而且每两小时左右交换一次，每天有三分之一的时间都处于这种状态。海洋生物学家相信，这种打盹法可以让海豚随时控制呼吸孔，以便得知何时应该浮出水面换气；要是它们让两边的大脑都休息了，科学家认为它们大概会溺死在海里。

**鸭子**有一种巧妙的守望相助睡眠法。位于鸭群外围的成员只靠半边大脑入睡，而且张开一只眼睛。这个做法可以使位于鸭群中央的成员左右脑同时休息，安享一夜好眠。

**鸡尾鹦鹉**和**企鹅**也被观察到有睁一只眼睡觉的情形，换句话说，它们同样只进入半睡眠状态。**信天翁**据信是最懂得有效运用这招的动

---

\* 美国作家华盛顿·欧文的一部作品。讲述一位名叫李伯的人所经历的一场传奇梦境。——译者

物,藉由关掉半边大脑,让另一边发挥自动导航的功能,这些海鸟可以飞行极长的距离,有时单程就能达 15 000 千米。

**长颈鹿**站着睡觉。这是因为它们躺下后再站起来要花不少时间,很容易成为掠食者锁定的目标。

动物版的李伯:腹足纲动物如**蜗牛**、**帽贝**和**滨螺**,向来被认为是最能睡的动物,有些蜗牛甚至可以睡上 3 年之久。

**熊**、**大猩猩**和**狗**都在美国纽约的布隆克斯动物园打过鼾。

蛇的睡品也不佳,至少有条**猪鼻蛇**就鼾声大作过。

**袋熊**晚上觅食,白天睡觉。它们是翻着肚子仰睡的,而且也会打鼾。

哈欠会在**黑猩猩**之间传染,如果一只开始打哈欠,其他同伴多半都会跟进。

昆虫并不按人类和哺乳动物的方式睡觉,不过**蝎子**、**蟑螂**、**蜜蜂**、**果蝇**和**胡蜂**每天晚上确实都会停止活动,而且呼吸减缓,触角也会下垂。

肉食性动物通常睡得最多,草食性动物则睡得最少。以肉为食的**棕蝠**每天要睡上 20 个小时,吃草的**马**每天却只睡 2 小时。这不难理解,斑马没有时间睡觉,为了在空旷的稀树草原上生存,它们必须不断补充体力,每天必须花 14—20 个小时寻觅粮草。

不过这个说法也不是放诸动物界皆准的,爱吃桉树叶的**树袋熊**就是大半天的时间都在睡觉,因为桉树叶摄取过多会产生毒性;所以在没什么营养维持活跃生活的情况下,树袋熊只好靠睡觉保存体力。不过就算是在清醒状态,它们也过得不怎么起劲,不是在吃就是在休息。

用脚趾头想想也能知道,**熊**在森林里解决大小便,不过冬眠时例外。在漫长的冬眠期间,熊可以连续5—7个月不上厕所。

虾会装死。当海水的含氧量降低时,**丰年虾**可以让身体功能暂停运行,进入一种死亡般的特殊状态,完全不消耗能量;等到生存条件恢复正常,它们就会重获新生,在数周、数月甚至数年之后醒来。

加拿大的**锦龟**宝宝靠变成冰块熬过出生后的第一个冬天。这些锦龟宝宝有一半的体液会结成冰,身体也变得硬邦邦的;到了春天,这些冰开始融化,锦龟宝宝开始恢复正常的生长状态。

**北极黄鼠**是唯一公认能在冬眠时忍受北极冻原零度以下低温的哺乳动物。

热带地区的猴子也会冬眠。生活在马达加斯加岛的**宽尾狐猴**,一整个冬天都会蜷缩在树洞里呼呼大睡。

## 麋鹿也冲浪：
### 动物会遇到哪些压力，它们如何放松

**仓鼠**到了冬天会变得很忧郁。

一项研究显示，仓鼠如果出生后待在阳光不够充足的环境里，很容易出现焦虑不安和忧郁的倾向。

船的运转声会让**鱼**紧张。

鱼在受扰时会分泌一种叫做可的松的化学物质，根据研究发现，隆隆作响的引擎声会促使它们产生较多的可的松，鲤鱼、鲈鱼和鲍鱼这几种经济鱼类尤其如此。

电视可以安抚**鸡**的情绪。科学家发现，如果让鸡笼里的母鸡每天随机观看 10 分钟的电视画面，它们比较不容易出现焦躁和攻击行为，而最令它

们放松的影像是鱼和烤面包机。

鸡也被测试过对人的容貌会有什么反应,结果"符合人类性别偏好"的人脸特别受欢迎,换句话说,它们也爱看俊男靓女。

猴子爱玩陶艺。根据观察发现,当**僧帽猴**拿到陶土和颜料后,不仅会把陶土捏塑出一定的形状,还会帮它加上装饰图案,其制作水平跟一岁半到两岁大的人类幼儿的水平差不多。跟人一样,有些猴子就是比较有艺术天分。

鱼会做日光浴。澳洲的**黑鲔鱼**常会花上好几个小时边游泳边转动身体,让全身都能晒到太阳。海洋生物学家相信它们藉由取暖让自己长得更大、更强壮。

**环尾狐猴**也有同样的嗜好,这些高度社会化的动物会成群坐在一起,伸长着手臂享受阳光。

蜥蜴喜欢过慵懒的生活。根据研究显示,如果可以选择的话,**鬣蜥**宁愿舒舒服服地待在温暖的窝里,而不愿为了觅食到外面挨寒受冻。不只如此,它们还会对温暖环境产生正向反应,成为最早通过感官表达愉快情绪的动物之一。

**大桦斑蝶**会在一天的辛劳结束后小酌一杯,不过它们喝的是露水。

只要腿部背后反复受到碰触,**蝗虫**就会抛开原本羞涩的个性,跟大伙儿打成一片。

让**绵羊**纾解压力最好的方法,就是把它介绍给另一只绵羊。如果介绍给其他动物,例如山羊,效果就非常有限。

**乳牛**爱听古典音乐。听音乐可以增加乳牛的乳汁分泌量,但不同风格的音乐也会带来不同的结果。例如常听贝多芬《田园交响曲》的乳牛,其产奶量就比完全没有音乐可听的乳牛多3%;至于听起来比较嘈杂的音乐如1986年的畅销金曲《维纳斯》,则会让乳牛的泌乳量不增反减。

**蜗牛**是人类园丁的眼中钉,不过美国有一种玉黍螺却会自己辟园种菜。这些蜗牛种的是真菌,而真菌吃的是盐渍沼泽里长的草。

**科摩多巨蜥**爱玩飞盘。在华盛顿美国国家动物园出生的小科摩多巨蜥克雷肯,经常跟各式各样的玩具为伍,这些玩具包括塑料环、鞋子、水桶、罐头以及它最钟爱的小玩意儿——飞盘。克雷肯会把这些物品从地上衔起来,或者用爪子扑打它们,就像玩得不亦乐乎的小狗或小猫一样。它甚至还会一时兴起,张口掏管理员裤子口袋里的手帕,跟管理员来场拔河比赛。克雷肯的玩耍行为让动物行为学家相当惊讶,他们从未想到爬行类动物也有如此爱玩的一面。

**麋鹿**会冲浪。挪威有只大麋鹿曾被目击到踏着浮冰在暴雨过后的纳森河上乘浪而行。

**海獭**爱滑雪。
它们曾被研究人员看到一遍又一遍地从雪坡上溜下来。

# 第七部分

# 社会型动物

## 它们如何共同生活

所有动物生来平等，但有些动物比其他动物更"平等"。

　　——乔治·奥威尔《动物农庄》(George Orwell, *Animal Farm*)


　　靠着数千年历史经验的累积，我们都明白，当一群人聚在一起时会发生一些事，有些人可以相处得很好，有些人则喜欢争来争去当老大，甚至在必要的时候把不听话的人杀掉。动物界也是如此，每个物种都已演化出属于自己的一套成王败寇之道，建立了自己的警察国家或法西斯政权。事实上，在很多地方，都有一些动物会不择手段让自己过得比其他动物还要"平等"。

# 人人为我，我为人人：
## 动物如何守望相助

**草原犬鼠**的社会充满祥和之气，它们以吻互相问候。

与**松鼠**有亲缘关系的草原犬鼠是最善于交际的啮齿动物之一，它们遇见同伴时会先来个问候吻，由于吻法是张开嘴唇露出牙齿，因此也经常发展成牙齿碰牙齿的现象，有时甚至会让彼此门牙相扣长达 10 秒之久。

有的蚂蚁就跟"三剑客"一样，将"人人为我，我为人人"奉为圭臬。尤其是**红火蚁**，它们拥有自然界最团结的社群组织，只要任何一位成员遇到危险，所有同伴都会赶往救援。当一只红火蚁遭受生命威胁时，它会释放出一种强烈的激素作为气味警报，同步通知全体成员发动猛烈的叮咬攻击。这对惹毛红火蚁的任何动物来说绝对不是好消息，火蚁群可以叮死像幼鹿那样大的动物，就连人类也不乏被火蚁围攻致死的案例。

然而红火蚁这种不分你我的平等主义也为自己带来不少麻烦。由于它们能很轻易地钻入电力设备，所以一旦触电，激素信号突然消失，就会有更多想要救援的成千上万只火蚁蜂拥而入，结果都被活活烤焦。不过这种骨牌效应倒也不可小觑，火蚁群的侵袭曾导致某个城镇的电力中断。

**企鹅**总是跟多达 11 只的同伴结伴潜水，以便彼此有个照应。

大部分的猫科动物天生就是独行侠。在已知约 39 种的猫科家族里，公**猎豹**是最善于交际的一群，它们倾向与亲兄弟以及仍然待在母系豹群里

的母豹建立紧密关系。

**阿拉伯鸫鹛**堪称是全世界最相亲相爱的动物。

这种鸟过着一种异常亲密的群体生活,它们会守望相助,互相喂食,贴心地替同伴梳羽,到了晚上还会窝在一起取暖。不只如此,总是把群体利益放在第一位的鸫鹛,甚至会把繁殖权让给鸟群里的优势成员,然后同心协力地把下一代抚养长大。

阿拉伯鸫鹛这种善良和无私无我的行为简直已经高尚到让科学家难以相信的地步。鸫鹛社会有着严格的等级之分,地位最崇高的是雄鸟与老鸟,所以有些人认为,或许就跟人类爱撒钱作公益活动以炫耀声望一样,这些鸫鹛也把善行义举当成建立社会地位的一种手段。

**抹香鲸**大概是最讲究平等的一种动物。研究发现,目前没有证据显示抹香鲸具有争夺优势或等级这种几乎发生在所有陆地动物群体中的行为,它们群体里的所有成员都乐于和睦相处,也会为了群体利益而通力合作。这种亲密感也为偶尔出现的它们海滩集体搁浅现象提供了合理的解释。

南美洲的**蜘蛛**比世界其他地区的蜘蛛要善于交际。蜘蛛基本上是独来独往的节肢动物,不过厄瓜多尔有一种蜘蛛却特别爱热闹,喜欢跟十来只同类群居在公共蛛网上。

世界上最大的昆虫群居地坐落在南欧,而且从西班牙的大西洋沿岸一直延伸到意大利。共有数十亿只**蚂蚁**住在这块群居地里面,不过具有讽刺意味的是,这些都不是欧洲本土蚂蚁,它们来自阿根廷。

天空不可能"下起猫雨和狗雨"(It rains cats and dogs,滂沱大雨的意思),

但却真的会下起蚁雨。世界上有一种蚂蚁——**林蚁**，当它们受到鸟类威胁时，会数百只蚂蚁一起跃向空中，然后像下黑雨一般降落到地面寻求庇护。

家庭至上价值观不仅存在于**狐獴**世界，而且还被发扬光大。

狐獴群鲜少出现暴力行为，也不大会为了性而发生冲突，原因是只有居于优势地位的公狐獴和母狐獴才能交配，其余的成员不但会为了整体利益自愿牺牲繁衍下一代的机会（狐獴群里的每个成员都有亲缘关系，再加上本身具备高度灵敏的嗅觉，它们可以侦测出非亲非故的陌生成员，所以它们知道自己的基因将会有效地传递下去），还会当起家里的保姆、经济支柱甚至哨兵，帮忙抵挡老鹰等掠食者的攻击。它们的家庭关系愈是亲密，生活就会愈幸福美满，对小狐獴来说尤其如此。目前已经有研究发现，在团结的大家庭里长大的狐獴通常比较胖，这是因为家里有更多成年狐獴帮忙张罗食物的关系。

其他同样会表现出紧密合作行为的动物还包括非洲鬣狗、黑猩猩、裸鼹鼠、狮子，以及笑翠鸟、斑翡翠、塞舌尔莺等鸟类。

来自澳洲的**黑岩蜥**被认为是目前唯一会过小家庭生活的爬行类动物。基于对天伦之乐的拥护，它们也会收养孤儿以及同父异母或同母异父的兄弟姐妹。

**鸭子**寻求自保的方法就是挤成一堆，让位于外缘的成员提供保护，而且集结规模可以高达 2000 只之多。

**草原犬鼠**有自己的"国土安全部门"。

这种啮齿动物的群居数量可达 2000 多只，但却全挤在约 4000 平方米的范围内生活。它们可以挖出 100 个洞穴，深度可达 4.5 米，而且每个洞穴

都有两个出入口,在掠食者来袭时作为逃命之用。

这些出入口大部分都设有哨兵,以便在危险状况发生时及时通知大家。

鸟爱跟同类呆在一起,特别是**巴鸭**,这种在西伯利亚地区繁殖的野生水鸭每年都和二三十万名成员一起飞到韩国等地越冬。

有些动物会在守望相助上创造出最奇特的组合,比如猫和狗都有收养落难小鸟的记录。根据报道,巴西的阿雷格港有只猫在发现一只小鸟从鸟巢跌落无法飞行后,就把它当作亲生小孩一样抚养,而且从此它们建立了难以置信的伙伴关系,不但共享同一个食钵,小鸟还学会了接纳肉食,甚至甘心被猫当成诱饵,引来其他健康的小鸟供猫捕食。

在中国,有只吉娃娃犬也收养过一只孤苦伶仃的小鸡,这只狗就像养父母一样时时看管着小鸡,并且会在小鸡即将闯入险境之际将它叼回安全的窝。

**狗**会让其他动物的小宝宝吸自己的奶。中国就有一只小猫和一对小老虎被观察到会吸吮狗奶。

当**野猪**失去长年相伴的伴侣后，它会从**羚羊**身上寻求慰藉。在美国洛杉矶的某个动物园里，有只野猪在伴侣过世后被安排跟一只斑哥羚羊（也是森林里最大的羚羊）同住，结果它们两个从此变得如胶似漆，不仅睡在一起，依偎在一起，还会甜甜蜜蜜地耳鬓厮磨。

# 动物有、动物治、动物享：
## 政治、权力和警察制度

动物比人类还要接近乌托邦这一理想境界，即使有数百万子民，它们一样能平等和谐地相处，不过它们也晓得，惩治异己也是有必要的。

以昆虫为例，它们的社会就类似有警察管理的国家一样严，任何违法乱纪，胆敢跟政府为敌的成员，都会受到严厉的制裁。

在蜜蜂、胡蜂和蚂蚁的社群里，王后的权力绝对凌驾于所有的子民之上，只有它才有权产卵，巢内所有的卵由它所生，谁触犯这项天条，谁就准备受罚吧。

要是有只工蜂偶然碰到了一颗卵，这颗卵将会遭到彻底的调查；如果蜜蜂侦探最后裁决这颗卵不是蜂王产下的，它就会被吃掉。

胡蜂的做法更狠，要是它们发现有雌蜂暗结珠胎，马上就会组成一个执法大队，把罪犯抓起来，然后予以连番猛刺。

尽管工蚁是蚁群社会的治安主力，但在较小的蚁群里，蚁后通常会亲自出马巡视，以确认没有人敢挑战自己的权威。例如巴西就有一种蚂蚁，其蚁后会在逼宫者身上留下化学标记，以巩固自己的优势地位，手下的喽啰们只要一接收到这个信息，就会把对方好好修理一顿。

**蜜蜂**也会盖监狱。南非的蜜蜂兴建监狱以便囚禁它们的主要天敌——长得跟坦克车一样的小蜂窝甲虫。这些蜜蜂会合力把入侵它们地盘的小蜂窝甲虫逼进狭小的缝隙角落里，然后交给专门负责看管犯人的狱卒蜂严加看守。

**泼皮猴**势必难逃法网。一项针对**猪尾猕猴**群所做的研究发现，它们的社会里有一群监督秩序的年长猕猴，一旦这些猕猴纠察员暂时离开猴群，猴群就会作乱，不仅会爆发帮派械斗等暴力事件，而且正常的社交行为如理毛和玩耍也会消失；唯有当纠察员返回猴群，教训了不听话的成员之后，一切才会恢复正常。

不过有些昆虫得用逼迫的方法才行，所以奴隶制度在蚁界依旧大行其道。目前已知约有 20 种**蚂蚁**会俘虏其他种类的蚂蚁，然后强迫它们做苦力，这些奴役蚁甚至会被迫去打劫自己的同胞。

有些统治蚁则更为残暴，而且其中一部分是纽约客。科学家把纽约蚁的行为跟其乡下远亲西弗吉尼亚蚁做了一番比较，结果发现纽约蚁不但俘虏较多的奴隶，也杀害更多蚁后。这有一部分要归功于守在被俘蚁窝门口严格管制进出的警卫蚁，没有这些警卫蚁的同意，任何蚂蚁都不准进出蚁窝；成年蚂蚁也要交出手里的幼蚁后，才准予放行。

不出所料的是，纽约蚁也较不可能乖乖地束手就擒，成为别人的奴隶；它们反击的次数比乡下蚁来得多，也较会叮咬入侵的统治蚁。

欧洲有只蚂蚁赤手空拳就拿下了整窝的奴役蚁。尽管体型娇小，这只欧洲蚁后却靠着箍住另一只蚁后身体下方，慢慢将其勒死，顺利征服了体型比它还大的蚂蚁，那些为后者服务的工蚁一点忙都帮不上，不到 3 个星期，这只新蚁后就接管了整个蚁窝。

看起来像一只水母的**僧帽水母**其实是由许多多细胞生物共同组成的群体。群体中的各个小生物体各司其职，有的提供动力，有的负责觅食，有的帮忙把食物分送给各个成员。虽然水母主体附着在海床上，但某些部位可自由活动，当它们面临掠食者的威胁或者想要拓展新的殖民地时，各部分就又结合在一起。

有些**海豚**是高明的政治家。

研究发现,大的海豚群都是由数个小团体组成的,而集合这些小团体的是少数具备高度社交技巧与影响力的海豚成员。这些海豚会花时间在不同的小团体之间穿针引线,增进彼此的互动联系;要是它们离开了海豚群,整个团队就会解散,如果它们重新归队,所有小团体又会再度聚集起来。

松鼠只顾自己人。**贝氏地松鼠**在发现有土狼或其他掠食者接近松鼠群后,不见得都会发出警告哨声。由于这么做等于是让自己成为掠食目标,所以只有当家族亲戚面临威胁时,它们才会发布警报,其余时候它们就会让其他同伴自生自灭。

跟人类一样,**鱼**也从权力中找到激情。根据研究显示,在鱼群里高居优势地位的雄鱼比较没有压力,它们的性器官通常比较重,脑子里也有较多的淫念。

步步高升很容易让人自我膨胀,尤其是生活在非洲的一种鱼,特别会犯"大头症"。这些**非洲慈鲷**生活在阶级分明的社会里,雄鱼的地位完全取决于是否正在繁殖下一代。当它们有机会从低阶雄性晋升为优势雄性时,体色就会由原先的暗灰色转成象征成熟的鲜蓝色或鲜黄色,睾丸也会长大;不过最惊人的变化则出现在脑部,它们的脑细胞会膨胀成原先的8倍大。

# 教父：
## 动物如何使出黑手党的伎俩

海豚不只搞帮派,还会搞绑架。

雄**瓶鼻海豚**会组结小帮派,帮派里通常包括 3 名成员,成员的死忠程度可以跟母子关系媲美,有的甚至长达 12 年帮派也不解散。这些帮派的主要目标是俘虏雌海豚,好让众兄弟们能够同享鱼水之欢。不过它们免不了也会面临其他帮派的挑战,每当这种情况发生时,各帮派就可能会像黑手党一样结盟合并。目前已有多达 14 只海豚所组成的"超级帮派"被人目击过。

**螯龙虾**会组织犯罪集团。成为一个优势雄性是每只雄螯龙虾梦寐以求的事,因此它们无不为了这个目标而奋战到底。但就算它顺利登上了优胜者宝座,一样不敢掉以轻心,虾王每天晚上都要把其他成员扔出家外毒打一顿,提醒它们谁是老大。奇怪的是,优势雄性的暴行似乎格外吸引雌螯龙虾,在被狠狠揍过以后,雌螯龙虾们还会去造访它的家。

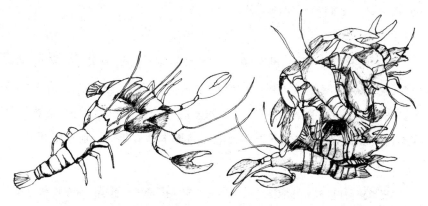

**帝王企鹅**是绑架大王。

一项研究指出，表面上看似被收养的帝王企鹅宝宝，其实有半数以上都是被养父母从它们的亲生父母那里偷来的。

对某些动物而言，做坏事有它的好处。**红燕鸥**会抢走其他鸟类嘴里的鱼，有时就从半空中拦截。研究显示，靠妈妈当空中抢匪带大的红燕鸥宝宝，会比不偷不抢的妈妈带大的雏鸟长得更健康。

跟大鱼同处在一个小池塘里会让一条**鳟鱼**变成流氓。一只体型中等的鳟鱼在跟具有暴力倾向的大鱼相处一阵子之后，会表现出心理学家所谓的"替代性攻击"行为——它开始欺负小鱼。

有些雌鱼心肠恶毒到逼得雄鱼英年早逝。雌**三棘刺鱼**即使知道自己是在残害同胞，也知道自己大可以对近亲二棘刺鱼的鱼卵下手，但它们就喜欢偷取雄鱼正在照料的鱼卵，然后把它们吃掉。

雌三棘刺鱼这种卑劣的行径为雄鱼带来相当大的压力，活在雌鱼恐惧阴影底下的雄鱼都有日渐消瘦并且英年早逝的倾向，即便它们没有直接受到攻击。很多时候，光是看到雌鱼的身影、听到雌鱼的声音或闻到雌鱼的气味，就足以让它们精神崩溃而死。

啄木鸟也会变恶棍。没有哪一种啄木鸟会恶劣到像**北美黑啄木鸟**一样，把同类也就是较为弱小的红结啄木鸟当作欺负对象。红结啄木鸟最多要花 6 年时间才能凿出一个完美的树洞当作巢穴使用，但一旦被北美黑啄木鸟发现，它只要一个下午就会把红结啄木鸟 6 年的心血给毁掉。

**企鹅**有种族歧视的倾向。得了白化症的企鹅会受到同侪的啄咬和冷落。

# 女人天下：
## "弱势"性别如何建立终极的女权社会

两性平等（至少在体型方面平等）在哺乳动物界是普遍存在的现象。不过对于雌雄体型相差悬殊的一些动物来说，这点并不成立，它们生活在终极的女权社会里。

以**水孔蛸**这种章鱼为例，雌性的体重就高达雄性的 40 000 倍，如豆豆糖般大小的雄水孔蛸只有雌性的瞳孔那么大。有位科学家就曾经用小麻雀对上战斗机来比喻水孔蛸的交配过程。

至于体型差距最大的配偶组合，那就非雌雄**绿叉蟛**莫属了。雌绿叉蟛的大小是雄性的 20 万倍。可以想见的是，雄绿叉蟛永远都摆脱不掉另一半的巨大阴影，它们必须一辈子寄生在雌性体内的一个特殊腔室里，除了帮卵完成受精之外什么都不用做。科学家已经帮这个体腔取了个名字，中

文意思就是"小男人房"。

在**胡蜂**的眼里,这个世界属于女人。身在由雌胡蜂掌权的社会里,雄胡蜂唯一的用处就是供蜂王交配。一旦扮演完传宗接代的角色,它们就被视为浪费资源的东西,不但会被关在巢室里受螯咬,也不准接近食物存放之处。

在**斑鬣狗**的世界里,雌性是绝对的统治者。

由于体型相对壮硕许多,母斑鬣狗在决定交配时间、交配对象上握有绝对的决定权,毕竟以它的外在条件,公斑鬣狗是不可能对母斑鬣狗"霸王硬上弓"的。母斑鬣狗的性优势还跟一件事实有关,那就是它们拥有世界上最奇怪的性器官——看起来像是勃起阴茎的硕大阴蒂。基于这些因素,母斑鬣狗会选择跟熟识已久、较友善、也较不猴急莽撞的异性交配。

**鬣狗**的社会也有阶级高低之分,而公鬣狗同样位于最下层。只有位居社会上层的成员才能优先得到食物,母鬣狗藉由母传女的方法,确保自己的地位可以代代相传。

科学家已经找到最终极的女权社会——成员全部由一种雌性叶螨组成。除此之外,动物界还存在一些完全不给雄性立足之地的物种,这些物种包括多种昆虫、蜥蜴、蛇和鱼类,这类动物全都能产下带有自我复制基因的未受精卵(目前还没有哺乳动物把雄性视为多余的)。最特别的要算一种伪叶螨,有别于其他的母系物种,它们甚至不繁殖雄性成员。

# 第八部分

# 我们可不笨

## 为什么说动物比你想象的聪明

"笨"这个形容词为什么会落到它们身上，实在令人费解。动物的机灵、创意和逻辑能力一点也不输给人类，无论是算数、测量角度、记忆复杂的方位还是辨认歌曲，它们样样都行，以下就是它们靠脑力办到的几项惊人之举。

## 是奇还是偶：
### 有数字概念的动物

　　许多动物都知道什么叫多，什么叫少，换句话说，它们懂得算数。在普通测验里，如果让人类孩童在分别装有二三块饼干的罐子之间做选择，他们都会选取装有最多饼干的罐子；同样的，**猴子**会选取装有 3 个苹果而非 2 个苹果的盒子，**蝾螈**也会选取装有 3 只昆虫的试管。

　　**猴子**已知可将 1—9 个数量不等的物体按照递增顺序加以摆放，这显示它们具有基本的算数技巧。

　　**蜜蜂**也会算数。

　　**鹦鹉**已经证明它们对零有所了解——这是人类孩童通常要到 4 岁才会具备的概念。

　　**大黄蜂**能破解复杂的色彩迷阵。在一项实验室进行的实验里，科学家们刻意让大黄蜂接受一道多重选择测验，它们必须在受彩色灯光照射而改变色调的花阵里辨别出不同颜色，结果这些大黄蜂顺利以飞行色（也就是蓝色）通过测验。

　　动物也明白"二鸟在林，不如一鸟在手"的道理。根据一项研究显示，**卷尾猴**不患得，只患失，充分体现了科学家所谓的"趋利避害"的人性特质。

 **招潮蟹**对三角学研究很有一套。这些以潮泥为家的螃蟹始终要提防对手侵占自己的洞穴,一旦它们发现有可疑的窃贼接近,就会依据自己距离洞穴有多远(靠着累计步伐)以及远方景物有多高(在招潮蟹的眼里,景物愈远看起来就愈高)这两项信息,用三角运算法确定入侵者相对于自己和洞穴间的位置,然后采取必要的应对之道。

 **蚂蚁**从不塞车。就像拥有定速功能一样,蚂蚁可以按照相同的行进速度来回运送食物,无论路径是宽还是窄。甚至当它们遇到迎面而来的蚁队,速度也不会被拖慢,它们有办法成群穿过其他成员组成的队伍,让速度维持不变。

 海豹听得懂鲸的对话。**斑海豹**会偷听鲸在水底的对话内容,以分辨迎面而来的是吃鱼的鲸,还是吃海豹和海豚的鲸。

 **大鼠**分辨得出不同语言。在一项实验里,西班牙科学家发现这些啮齿动物可以区分荷语与日语。

 英文有句俗语说:"如果你给花生,只能得到一群猴子。"但如果受到不公平的待遇,即使是**僧帽猴**也会抗议。在一项科学实验中,这些猴子一旦发现别人得到更好的报酬,它们就会抛弃任务完成时所得到的奖赏。这显示了猴子也有平均分配的概念。

# 过目不忘：
## 大象不是唯一有记忆力的动物

**绵羊**善于记忆面孔。在一项实验里，有些绵羊能够辨识 50 只绵羊和 10 个人的脸，而且可以记住达两年之久。

绵羊也有分辨人类面部表情的能力，它们比较喜欢笑脸而不是凶脸。母绵羊对年纪较大的男上面孔则特别有感觉。

**大猩猩**、**黑猩猩**及其他猿类可以认出镜中的自己。猴子就办不到这点，尽管它们能了解镜中的影像并不是活生生的动物。

鱼的记性比一般人认为的还要好。澳洲**淡水彩虹鱼**有办法记住 11 个月前发现的逃生通道。以它们短短 3 年不到的寿命来看，这相当于一个人可以回想起二三十年前的某件往事。

**章鱼**的学习力很强。在一项研究里，科学家让一群章鱼观看另一群章鱼进行某个简单的实验：让它们在两个球当中作出选择，选中某个球会给予奖赏，选另一个球则会遭受轻微惩罚。当这群旁观者被要求重复同样的行为时，它们犯错的概率相当小。

**猫**的记忆力比狗好。根据美国密歇根大学有关人员所做的实验发现，狗的记忆力维持不到 5 分钟，猫却能维持长达 16 小时之久——甚至超越猴子和猩猩。

**边境牧羊犬**具有理解语言的能力，因此它们有办法做与 3 岁小孩能力相当的事。有只名叫里柯的狗被要求在 10 件玩具中取回主人随机指定的两件,总共进行 20 次,每个玩具对应不同的单词。结果在 40 件玩具中,里柯正确无误地取回了 37 件;过了一个月后,它再度以 50% 的准确率顺利完成任务。

### 最聪明的 10 种**狗**

(排行依据:不超过 5 遍就能理解新指令,95% 的情况下都能服从第一指令。)

1. 边境牧羊犬

2. 贵宾犬

3. 德国牧羊犬

4. 黄金猎犬

5. 杜宾犬

6. 喜乐蒂牧羊犬

7. 拉布拉多犬

8. 蝴蝶犬

9. 罗威那犬

10. 澳洲牧牛犬

### 最不聪明的 10 种**狗**

(排行依据:对新指令的理解程度——甚至重复数百次也听不懂。排在愈后面的愈不聪明。)

1. 西施犬

2. 巴吉度猎犬

3. 藏獒

4. 米格鲁犬

5. 北京犬

6. 寻血猎犬

7. 苏俄牧羊犬

8. 松狮犬

9. 斗牛犬

10. 巴仙吉犬

**小寄生蜂**可被训练成缉毒蜂或防爆蜂。不像警犬要花数年时间才能练就嗅出毒品和爆裂物的好本领,有一种寄生蜂不用半个小时就能学会如何应付这种工作。

**猴子**有记忆儿歌的能力。"祝你生日快乐"、"王老先生有块地"和"划划划小船"便是几首它们一听就能回想起来的歌曲。

**灌丛鸦**的记性特别好。根据研究发现,这种鸟不仅能记住自己把食物藏在哪里,还能记住藏的是哪种食物。

**大象**真的不健忘,起码阿妈级的大象不,而它们的子孙也都从中受益。研究显示,象群相当依赖年老母象提供的经验与智慧,老母象们会凭着自己的好记性,告诉年轻的成员该怎么应付危险状况以及陌生者。

这些象奶奶们也负责决定象群觅食和饮水的地点,以及年轻成员的去留问题。有象奶奶同堂的家庭通常比较快乐,也比较多子多孙。

**海狗**永远不会忘记自己的母亲。

根据研究显示,海狗母子即使分开长达 4 年之久,依然还能记得并响

应彼此的叫声。这在哺乳动物界并不多见。

**蜜蜂**认得人的脸。在一项实验中，蜜蜂辨识不同人脸的正确率达到80%。

最后，谨向所有认为运动可以帮助智能发展的人提出一点忠告……

在轮子上跑太久会让小老鼠变笨。根据科学测试发现，老爱在轮子上或其他地方跑来跑去的过于好动的小鼠，学习能力通常偏低。

# 是熊在敲门：
## 动物的狡猾（与犯罪）心理

**熊**只要敲敲门，就能让人类"引熊入室"。克罗埃西亚有只熊就曾经三度对同一间屋子使出这一招，而且每次都若无其事地走进屋子里，自个儿拿起厨房里的东西来吃。

**沙袋鼠**也懂得"以德报德"。

1996 年，澳大利亚有位农夫睡到半夜，忽然被一记震耳欲聋的敲打房门声给惊醒。那是一只因车祸受伤被他带回家照顾过的沙袋鼠，原来这只沙袋鼠来警告农夫他的房子失火了。

**西班牙苍蝇**这种个头超小的芫菁科甲虫，专门靠一种诈术欺骗雄蜂的感情。数百只西班牙苍蝇幼虫会挤成一团伪装成雌蜂的模样，可怜的雄蜂一旦上了当，就会让这些"新欢"们搭乘上它的便车，进入蜂巢寄居。

马来西亚有种以巨竹为家的**蚂蚁**，想出了对付淹水的妙招。那就是当水淹进竹筒后，它们就尽可能多地把水喝进肚里，然后跑到外头去尿尿，等尿完后再回头继续喝。

**猫**会打 119。有名警察接到一通从罗施森家打出来的求救电话后赶往现场，见罗施森先生因为从轮椅上跌落而瘫倒在地上。当时罗施森先生完全没办法使用他家的专用警报器，因为两个警报器一个位于床头上方，另一个也忘了挂在脖子上。令这名警察难以置信的是,罗施森先生所养的一只姜黄色的猫汤米就趴在电话机旁边。

用 bird brained 这个词来形容愚笨实在有误导之嫌。比如**松鸦**会故意坐到蚁窝上,惹恼里头的居民。一旦蚂蚁从蚁窝跑出来喷洒蚁酸,就正好称了松鸦的意。因为蚁酸是天然的杀虫剂,可以帮松鸦除掉多种寄生虫。

住在城市里的**斑嘴鸦**会把咬不动的食物带到路边处理。它们会把坚果和蛤蜊等外壳坚硬的"点心"扔到路中间,让来来往往的小轿车、巴士或卡车碾碎,然后再取回。为了降低被车撞上的风险,这些斑嘴鸦通常都选择设有红绿灯的斑马线作碾壳地点,而且会等红灯亮了,再丢掷或取回食物。

某些住在雨林区的鸟特别知道如何让自己声名大噪。跟音乐厅一样,枝叶繁茂的雨林树冠层也能发挥一种音响效果,使声音延长共鸣扩大。因此为了确保自己的歌声能远播四方,委内瑞拉的**白颈鸫**等都倾向把音拉长,以便制造出比其他物种更高的声音。

鹭是精明的西式毛钩钓客。**绿蓑鹭**已知会将各式各样的鱼饵——从种子、花、羽毛到死苍蝇都包括在内——扔到河面或湖面上,然后静静地站在一旁等待猎物上钩。

**杀人鲸**学习谋生绝活学得很快。
　　一群在海洋公园进行杀人鲸研究的科学工作者意外发现,一头 4 岁大的公杀人鲸把肚里的鱼反刍出来,吐到水面上诱捕海鸥,然后在海鸥前去吃鱼时一口将它们吞下。
　　不到数周的时间,跟这头公杀人鲸有着一半血缘关系的弟弟竟然也破天荒地使出了相同的手法。研究人员认为除了从它的兄长那里,这只小杀人鲸不可能从其他地方学会这招。

**杜鹃**是动物界最高明的骗子之一。这种鸟会把蛋下在其他鸟类的窝里,让它们傻傻地帮自己抚养小孩。而杜鹃宝宝出世之后也会传承父母的黑心手法,在真实身份还没曝光前把窝里的其他雏鸟干掉。科学家还发现,这些冒牌货甚至会扑动有黄色斑块的翅膀,在养父母面前制造假象,让它们误以为自己的孩子还活着而且有更多张嘴嗷嗷待哺,因而带回更多食物。

科学家认为杜鹃之所以能行骗成功,是因为尽管在人类眼中它们的蛋跟其他鸟蛋不一样,但以只看得见紫外线的鸟类眼睛看去,它们是相同的。

不过有一种鸟倒是杜鹃骗不到的,那就是美国黑鸭。美国黑鸭同样会把蛋下在邻居的巢穴里,但为了避免同样的事情发生在自己身上,它们准备好了对策,以便确认哪些是自己亲生的,哪些不是——这些黑鸭会数数。

**鱼**能把鸟骗来当衣食父母。

在一项研究里,有条**金鱼**只要浮出水面张开大嘴,就有一只**主红雀**喂它虫吃。科学家认为这只喂儿心切的主红雀应该是误把金鱼的嘴看成了

雏鸟的嘴。那条金鱼后来连续数个星期都靠这招来填饱肚子。

雄性昆虫会用假礼物敷衍伴侣。很多雄性昆虫都会送老婆礼物,也许是食物、一滴唾液,或者一小块昆虫干尸,以便在交配过程中享用。但科学家发现有些昆虫会送种子等中看不中用的东西给另一半,不过通常情况下雌性昆虫还是会照单全收,也照样会进行交配。

**猩猩**会上演越狱记。

有两只猩猩曾经在英国的伦敦动物园上演一起颇为轰动的结伙脱逃事件。它们两个临时凑合出某种工具,把动物园的铁笼给撬开;后来虽然被抓了回来,但其中一只过了不久又故计重施,它把铁笼上的窗户用花盆砸开,让自己重获自由。

**乌龟**靠着跳踢踏舞把蚯蚓从土里引出来。

美国宾夕法尼亚州有只木纹龟被观察到以左右前脚互换的方式在地上踏出节奏,当蚯蚓被这种每秒一拍的"踢踏舞"引诱到地面上时,木纹龟就一口把它们吃掉。人们在研究过程中发现,这些乌龟平均每小时成功诱出2—3条蚯蚓,其中舞艺最精湛的一只乌龟只花了8分钟就逮到7条蚯蚓。

**豹**把腐肉存放在高高的树上,以免被狮子和鬣狗偷走。

致命的**火蚁**一旦发动叮咬攻势,很少有动物可以保住性命。但巴西有一种隶属于蚁小蜂科的蜜蜂,知晓如何模仿火蚁的气味,让自己毫发无伤地潜入蚁窝,它们成功渗透进去之后,就开始大吃火蚁幼虫。

生活于马达加斯加岛的**指猴**,身怀一种独门的觅食绝技。指猴以捕食地下树根洞穴里的蛴螬为生,它们的感官相当敏锐,不仅能借着用指爪敲击树干找出树洞位置,还能辨别出树洞是不是空的。

有只**澳洲蜘蛛**会用诱饵把猎物钓上钩。它的做法是用腐枝烂叶盖住蜘蛛网,让毫无戒心的昆虫闻香前来。

只有作贼的才懂得贼的心理。有盗窃前科的**灌丛鸦**会特别花心思藏匿食物,以免自己得到同样的报应。

某些蜂类会靠一种奇招让自己顺利进入蚁窝。有一种**姬蜂**会分泌一种化学物质让蚂蚁产生内斗;一旦蚁窝乱成一团,姬蜂就趁虚而入,为自己张罗食物。

**渡鸦**会耍诈。渡鸦面临高度竞争的觅食环境,为了独吞食物,它们会把其他鸟类带到某个假的有食物的地点,趁大伙儿陷入一阵瞎忙之际,自己偷偷溜到真正有食物的地方独享大餐。

**猿猴**类动物最会动歪脑筋了。大猩猩、黑猩猩、巴诺布猿、猩猩和猕猴这些相对体型而言大脑皮层面积最大的灵长类动物,特别容易对同类使诈。而最忠厚老实的则是灌丛婴猴以及狐猴。

# 第九部分

# 本能

## 动物与生俱来的超凡力量

动物拥有各式各样足以令美国中央情报局汗颜的高科技装备,它们靠这些装备接收周遭环境的影像、声音、气息、味道与触感,从灵敏的触须、声纳、立体嗅觉探测器到环绕式耳朵都包括在内,有些动物甚至拥有至少在我们人类看来跟第六感没什么两样的高强本领。动物界最有本事的动物们不仅能察觉地震、嗅出癌症,还能在黑夜里看见色彩,治愈自身的疾病。

## 非礼也要听：
动物的视觉、嗅觉、听觉与回声定位能力

**变色龙**的两只眼睛可以各自独立转动，因此能同时注视两个不同的方向；海马也具有这种特异功能；鸽子的眼睛分别位于头的两侧，所以视野可以达到惊人的 340° 范围，只有后脑勺看不到。

掠食性鸟类的视力恐怕是最惊人的，**秃鹰**能在 4500 米的高空中发现地面上小型啮齿动物的踪影。以人类来说，正常的视力指数是 20/20（此为施氏视力值，等于标准视力 1.0），然而老鹰却能高达 20/5（超过标准视力 2.0）。也就是说，我们在 1.5 米处所能清楚看到的东西，老鹰在 6 米外就看得一清二楚了。

**狗**最远可以看见 900 米外的移动物体，以及 585 米外的静止物体。

**蜘蛛**的视力会因种类不同而有天壤之别。大部分的蜘蛛有 8 只眼睛，有些则多达十几只；但也有一些蜘蛛根本没有眼睛。然而就算蜘蛛有好几对眼睛，它们大多也只能区分明暗而已。

**箱形水母**有 24 只眼睛和 4 个脑袋，此外它们还有 60 个肛门。

**鸵鸟**的眼睛比脑还大。

**章鱼**的脚上长有脑袋。

研究显示,章鱼可以从大脑中枢分出一部分的思维工作,交由腕足内的神经负责处理。

**家蝇**用脚尝味道,而且灵敏度比人的舌头强 1000 万倍。

**长颈鹿**有个弹性超好的多功能舌头,就连掏耳朵也会用到它。

**果蝇**用舌头呼吸,它们的舌头可以把氧气打进身体里。

**蚂蚁**能靠膝盖听声音——感受蚁窝内部及外部生长差异而产生的震动。

来自哥斯达黎加和巴拿马的稀有两栖动物**巴拿马金蛙**并没有真正的耳朵,其听觉器官是可以跟蛙鸣声共振的皮肤。

**猫**有一对可以转动辨识音源位置的耳朵,而且由于极为灵敏,它们能听见频率高达 64 000 赫兹的声音 (人类听力范围最多可达 23 000 赫兹),即使是啮齿动物所发出的超音波对它们来说也不是问题,这就是为什么猫有时候连看都没看就能成功扑到一只老鼠的原因。

猫可以听到 10 个八度音,而人类只能听到八个半。

由于具备像雷达天线一样可以环绕转动的耳朵,**狗**只要花 0.06 秒时间就能找到音源方位,而且它们在 230 米外就能听见人类距离 23 米才能听见的声音,听力范围最高可达 45 000 赫兹。

**果蝇**有个可当鼻子用的环绕式耳朵；斑马也能靠着耳朵的转动，在身体不动的情况下侦测到声音来源。

**壁虎**和**蛾**都能在黑夜里看见色彩。

"跟**蝙蝠**一样瞎"这句话非常偏颇，这种最常见的飞行类哺乳动物配备了一套全世界最顶尖的感官装置。

蝙蝠探路的方法就是利用一套回声定位系统，将声波来回发射到路径范围内的障碍物和其他动物身上。它们不仅在 5.5 米外就能侦测到包括小昆虫在内的潜在猎物，辨别出猎物的身份，而且在叶状鼻的辅助之下，它们还能在 15 厘米外感知猎物的体温。

**海豚**也掌握了这种回声定位的技术。

**鲶鱼**具有夜视能力。它们可以在漆黑的浊水中，靠着从猎物如孔雀鱼身上溶进水里的化学物质，追踪到对方的下落。

**鸟**用一只眼看东西，这或许是因为它们左右两眼各自掌管不同的功能。鸟的左眼比较擅长辨别色彩，右眼则有较强的动态侦测能力。

**蜥蜴**头顶上有个能感应光线的第三只眼。

**鲨鱼**眼睛的感光能力比人类强 10 倍，就算是水里最微弱的一丝光线，它们也侦测得到。

鲨鱼的嗅觉同样出奇地好。有条鲨鲛被放进刚清空一条受伤鱼的鱼缸

之后,立即模仿起那条鱼的举动,依循同样的路线迂回前进。

任何一丁点来自受伤或死亡鱼类的气味,都会让鲨鱼陷入疯狂觅食的饥渴状态;如果猎物是活的话,那么它表现得愈紧张,鲨鱼就会愈兴奋。

**大鼠**闻东西走的是立体路线。大鼠的两个鼻孔会先各闻各的,然后把信息汇总给大脑,让大脑辨识自己嗅到的是什么气味。这项特异功能让它们占了比猎物更大的优势。

包括人类和老鼠在内的大部分哺乳动物,耳腔内的纤毛都会随着年纪渐长而减少,甚至最后导致耳聋。蝙蝠是目前已知唯一的一个例外,它们耳腔内的毛细胞可以再生,并长出新的纤毛。

**狗**的嗅觉胜过人类 10 万倍。实验证实,狗有办法闻出浓度为百万分之一到百万分之二的化学物质,这相当于闻到藏在 20 亿桶苹果里的一个烂苹果的气味。

雄**海灰翅夜蛾**的嗅觉有可能是动物界里最强的。这种棉花害虫厉害到即使雌性在约 8 立方厘米的空气里只散发出 5 个性激素分子,它们也闻得出来。负责进行这项实验的瑞典科学家比喻说,这相当于某个人只啜了一小口湖水,就晓得有颗方糖被丢进了湖里。

**短吻鳄**与**长吻鳄**在水中侦测猎物时,靠的可不是普通的感官。这些爬行动物从恐龙始祖那里继承了一套精细微妙的感觉系统,也就是分布在短吻鳄颚部以及长吻鳄脸部及身体上的灵敏感受器。就算有头鹿在好几米远的地方喝水,它们也能感觉得到。

**蟋蟀**具有超级敏锐的尾须,可以在掠食者偷偷摸摸靠近时感觉到。尾须的灵敏度相当高，就连胡蜂振翅或蟾蜍吐舌所造成的微小气流扰动，它们也可以侦测出来。

**猫**的触须是全动物界最精密的雷达装置之一。这种超级敏锐的仪器不仅具有探测功能，可以让猫知道某个空间是否小到无法钻过去；而且还能帮助侦测猎物的动静。猫的触须除了长在脸上，也长在前脚背后。

如果你替**蝙蝠**刮毛，它夜间出勤时恐怕就会有危险。蝙蝠的翅膀背面分布着许多微小呈毛状、可帮助侦测乱流的触觉感受器，有位科学家用脱毛膏将蝙蝠感受器上的毛脱掉，然后在一旁观察，结果这些蝙蝠在碰到障碍物需要90°转弯时，都无法正确拿捏自己的飞行高度及方向，有的蝙蝠甚至还撞到了天花板。只有等到细毛长出来，它们才能重新回到安全的飞行状态。

对某些昆虫来说呼吸是危险的。**蝴蝶**跟**蚂蚁**的身体相当脆弱，如果一天到晚都在呼吸，反而会因为吸氧过多而死亡；所以它们都会趁休息的时候调节呼吸，让氧气摄取量维持在一定的范围内。

# 左右一样行：
## 一些动物的左撇子生活

母**马**都先踏出右脚,公马都先踏出左脚。

在爱尔兰所作的一项研究里,研究人员分别观察了未受过训练马匹的踏步状况、碰到障碍物时的转弯状况,以及躺在干草堆上时的翻滚状况。

结果令人惊奇的是,母马多半习惯先用右足,而公马正好相反;而且10匹马里面只有一匹会交替轮换。

**海象**是右撇子。研究人员在格陵兰水域观察海象挖掘蛤蜊的情形时,发现它们89%都使用右鳍。

狝猴有惯用左手的倾向，乌鸦则大多是右撇子，大翅鲸也是右撇子(而且大多数鲸的鳍肢都有 5 根指头)。

爱用右排触须觅食的大鼠，其成功率比爱用左排触须者来得高。

有十分之八的黑猩猩和大猩猩把幼崽抱在左侧(人类也差不多)。

带有致命剧毒的蔗蟾，比较会攻击出现在它们左边的动物。

还是西边最好，至少对食蚁兽来说是如此。食蚁兽通常在傍晚觅食，因为此时白蚁都聚集在蚁冢内。由于白蚁无法自行产生热量，因此很容易被夕阳西晒的余温吸引过去。与其采取乱枪打鸟的策略，近一半的食蚁兽选择直接朝白蚁冢的西厢房下手。

# 动物医生：
## 动物如何治疗自己（与其他动物）

科学家已经发现动物具有自疗能力，例如东非的准**象**妈妈会在生产前专门去找一种紫草科小树来吃。有研究人员就观察到一头大腹便便的母象跋涉了近 30 千米，才找到这种在其栖息地附近找不到的小树；而准象妈妈在吃完枝叶回家之后，不到几天就顺利分娩了。巧的是，肯尼亚的土著妇女也用这种植物来催产。

**黑猩猩**会自己治疗严重的肠胃病。有只患有腹泻与肠胃不适症状的黑猩猩，被目击到走近一棵小树后剥下一片树皮放进嘴里，它嚼了有半个小时，一边嚼一边把树渣吐出来。结果不到 24 个小时这只黑猩猩就完全康复了。

巴西的猴子会服用"避孕药"。

母**卷毛蜘蛛猴**会专门找一种叶子来吃。由于这种叶子含有的一种化学物质的功能跟雌激素相似，因此科学家认为它可以用来避孕。当这些猴子打算生小孩时，它们则会找另一种含有孕激素的叶子来嚼。

很多动物都懂得用草药治病。

**野猪**和**亚洲象**靠吃树根驱除寄生虫。**熊**则吃藁本属植物，而且它们会先把植物嚼烂，跟唾液混在一起后吐出来抹在熊爪和毛皮上。科学家认为这种搽身乳液具有防虫及杀虫作用。

**蚂蚁**会制造抗生素,以控制病虫害的发生。

**黑猩猩**靠咀嚼一种特殊的叶子来预防疾病。有人在亲自尝试过这种叶子后发现它们具有处方药的药理特性。不只如此,科学家认为这种嚼叶行为在猿猴世界具有其他作用,像母**吼猴**就会藉此影响生男还是生女,有些猴子也把叶子当作"娱乐性药品"使用。

**麻雀**知道怎样不让疾病上身。印度加尔各答的麻雀在当地爆发疟疾时,曾用蛱蝶花的叶子铺满鸟巢,并以这种含有奎宁的叶子为食,成功躲过了疟疾危机。

**狗**显然有预知癌症的本事。根据美国加州大学伯克利分校的临床实验显示,狗只要嗅闻人类的呼吸样本,就能侦测出肺癌、乳腺癌等癌症,而且准确率高达 88%—97%。而一台价值数百万美金的专用医疗扫描设备,其准确率也只介于 85%—90% 之间而已。

狗也能经由训练,在心脏病患者即将发病前予以警告。

**狗**可以预知一个小孩是否即将发生癫痫。根据加拿大的一项研究显示,跟患有癫痫的孩童生活在一起的狗,很可能会在孩童发病出现不寻常的举动。有些狗会舔孩童的脸或做出保护动作,有只狗甚至在一个小女孩即将发作癫痫之前,把她带到了安全的地方,化解了一场可能从楼梯上坠落的危机。狗可以在其主人癫痫发作的 5 个小时前就发出警告。

许多科学研究都证实,养狗养猫确实能让主人压力及血压明显降低。

**驴**具有抚慰其他动物的效果。

由于生性顺从,驴可以帮助精神紧张或受伤复原中的动物感到平静,

它们也经常被安排去陪伴患有智障或肢体残障的人士。至于它们为什么会对其他动物产生这种影响力,科学家目前还找不到满意的解释。

由**蛆**担任小小外科医师的古老清创法已经重返现代医界。蛆,尤其是绿头苍蝇等特定种类苍蝇的幼虫,对足腿部溃疡、烧烫伤及术后伤口的愈合具有相当的疗效。只要在每平方厘米的伤口上放置 5—10 条蛆,再裹上敷料包扎 48—72 个小时,蛆就会在这段时间里分泌体液,将伤口的液化组织及细菌吸收消化掉,而它们自己的身体会增大到原先的 5 倍。

最致命的动物也可以帮助人类治病。**热带芋螺**的剧毒毒液已被认为是未来治愈从癌症到癫痫等多种疾病的良药,有些蛇的毒液也可能成为更多解药的来源。例如有一种可治疗高血压及其他心血管疾病的新药,就是从巴西一种毒蛇的毒液里提取出来的。有些毒蛇的毒液也被认为可预防癌肿瘤的增生。

用一种从**厄瓜多尔蛙**皮肤里萃取出来的化学物质,可以制造出比吗啡效果强 200 倍的止痛药。

## 超自然力量：
### 动物如何运用它们的第六感

科学家对动物可以预测地震的说法,已经有几分相信。

美国的一项研究发现,1977 年加州某个地震灾区的 50 户住家里,曾经有 17 户反映动物出现异常举动,其中包括马猛踹马厩,猫不停踱步,在应该睡午觉时坐立不安,以及有只狗突然一改平常温和的个性,变得暴躁起来。在美国莫哈维沙漠所进行的研究也发现,狗能察觉到只有地震仪才可侦测到的小型无感余震,不停吠叫。

有些动物在地震发生前会陷入一种茫茫然的奇怪状态。

1975 年中国辽宁海城发生大地震的数星期前,有居民反映他们看见表现呆滞、神情恍惚的大鼠和蛇;到了地震即将来袭的那几天,动物显得特别暴躁不安;乳牛跟马有焦虑倾向,鸡拒绝待在鸡舍里,鸭子振翅腾空的现象也比往常频繁。

动物比人类更有办法感应地震,新证据就出现在 2004 年 12 月 26 日东南亚大海啸发生之前。有目击者提到大象惊叫狂奔到高地避难,红鹤遗弃它们位于低地的繁殖场,动物园里的动物缩在笼子里不肯出来,连居民

养的狗也一反常态,拒绝跟主人到海边散步。最后的事实是,人类伤亡相当惨重,动物却大多幸运地逃过了一劫。

**鲨鱼**有预知暴风雨的能力。

有一群被海洋生物学家放上无线电追踪器的黑鳍鲨,就在2001年热带风暴"加布里埃尔"重创美国佛罗里达州西南部前夕,集体逃离了它们平时的栖居地,游向更深的水域避难。无独有偶,那年的飓风"查理"在发威之前,也有一批被安装了追踪器的鲨鱼做出相同的事。研究人员认为鲨鱼可以感觉到飓风逼近前气压的些微下降,这种气压下降会导致水压出现类似的下降现象。

**狗**能预知迫击炮或火炮的来袭。

根据一项研究发现,在萨拉热窝围城期间,很多狗早在炮击开始之前就出现了怪异的举动:约有57%的狗把头缩进桌子或其他家具底下,35%的狗则是爬进床下或桌下躲起来,14%的狗会跳进主人的怀抱里,而21%的狗会发出哀嚎声,好像在警告火炮的来袭。不过最令人惊奇的则是那些在即将开火前正和主人在外面散步的狗儿们,有72%的狗硬要把主人拉到别的地方去。这项研究也发现,有许多主人就是因为这样而侥幸逃过了火炮的攻击。

动物可以在空中飘浮。包括**青蛙**和**灰熊**宝宝在内的一些动物,已知可以在强大的电磁场环境里腾空而起。

# 第十部分

# 动起来吧

## 动物如何从甲地到乙地

有些靠滑，有些靠飞，有些靠跳，有些则干脆搭便车——所有动物都有行动上的需要。但有些动物就是比别人更能上天下海，更有冒险精神。

自然界最顶尖的探险家们都配有相当于罗盘和 GPS 系统的精良装备，因此绕着地球跑对它们来说似乎轻而易举；不过动物界也有一群缺乏运动细胞的动物，举足维艰可以说是它们最好的写照。

# 如诗的律动：
## 自然界最佳的行动者

**袋鼠**是自然界效率最高的跑步机器之一。当袋鼠以超过 30 千米的时速全速前进时，光是一步就能跨 6 米远。它们跳得愈快愈省力，科学家认为这是因为袋鼠有腿和尾巴前后互相搭配，所以才拥有像弹簧高跷一样的省力运动机制。

袋鼠也是唯一在运动结束后立刻停止流汗的哺乳动物，不过它们还是会剧烈喘气，每分钟可达 300 次，以便让过热的身体在不流失过多水分的情况下得以降温。

**海豚**是自然界最有效率也最聪明的游泳健将。

海豚可以在 1.5—3 米深的水下维持时速为 30 千米的游速，然后在快接近水面时一跃而起。它们跳跃并不是为了好玩，而是为了保存体力，因为跟有海水造成阻力的水下比起来，在空中移动可是容易多了。至于旋转功力深厚的"飞旋海豚"，则将这种策略发挥得淋漓尽致，它们会像弹簧一样跃出水面，在空中做出高达 7 圈的回旋动作。海豚也有冲浪的本领，它们可以在毫不费力甚至不用摆动身体的状况下，借着船头的艏波滑行一小时之久。

目前动物界最深的潜水纪录是由一只**棱皮龟**所创下的，深度为 640 米。一般相信这只革龟还具有下探 1000 米的实力。

世界上最大型的啮齿动物**水豚**也是颇有天分的潜水家，它们可以在

水里待上 5 分钟之久。

**帝企鹅**能潜到 450 多米深的水下，而且憋气可以长达 22 分钟。

**枪乌贼**和**章鱼**都有喷射引擎装置。

这些动物会经由体腔的一个宽口吸水进来，再通过一个漏斗状器官发射出水柱，推动身体前进，而且这个可动式漏斗还能让它们朝不同的方向移动。

中美洲的**双脊冠蜥**有套独门绝活。这种蜥蜴受到威胁时，可以靠后足以每秒 1.95 米的速度在水面上奔跑，原因是它们的足底会制造气囊。拜这招所赐，双脊冠蜥也赢得了一个可想而知的绰号：耶稣基督蜥蜴。

**蜗牛**及**蛞蝓**会分泌一种无色黏液，好让自己边走边得到"地毯"的保护。这种黏液相当好用，就算爬粗糙甚至锐利的表面都没问题。它们也把这种黏液当成探路工具，蜗牛的足迹是断断续续的，蛞蝓的则一连到底。

　　**壁虎**是自然界最黏的动物。它们能以每秒 1 米的速度奔上光滑的玻璃墙，还能靠一根脚趾支撑身体悬在半空中。它们之所以可以飞檐走壁，是因为脚趾上长有许多"匙突"。很多动物都有这种黏着构造，但很少能像壁虎一样拥有那么多。苍蝇有数千个匙突，但壁虎却有数百万个。

　　**大袋鼯**这种来自澳洲的树栖性有袋动物，可能拥有自然界最厉害的超级感官。大袋鼯的立体视觉和立体听觉可以让它们滑翔 100 米远后，成功降落在最细小的树枝上，而且这些活动全都在夜间进行。

　　世界上最特别的飞行动物大概非**飞蛇**莫属了。几乎所有的飞行动物——包括**鼯鼠**在内——都需要靠左右对称的翅膀才能翱翔天际，但栖息于东南亚的 3 种飞蛇之一——天堂金花蛇，却有一套独门的航空动力技巧。当它们穿过树梢时，身体会呈扁平状，以便在空中进行高效率的滑翔。

　　目前鸟类最高的飞行高度纪录是 11277 米，这比一架商用客机的正常飞行高度还要高 600 多米。

**鲛鲼鱼**相当与众不同,是目前唯一被摄影机镜头捕捉到会翻肚倒游的鱼。当它们在深海里钓捕猎物时,就会摆出这个姿势。

**发电鱼**可以像往前游那样轻松地往后游。

**蜂鸟**是唯一可以倒着飞的鸟。

**蜻蜓**是飞得最快的昆虫,而且已知可以达到 56 千米的时速。至于飞行时速高达 54 千米的天蛾,则被认为是飞得第二快的昆虫。

根据美国华盛顿史密森尼国家动物园的记录显示,全世界行动速度最快的动物是:

最快的陆上哺乳动物:**猎豹**,最高时速 112 千米。

最快的水中哺乳动物:**白腰鼠海豚**,最高时速 56 千米。

在空中飞得最快的鸟:**游隼**,最高俯冲时速 321 千米。

在地上跑得最快的鸟:**北非鸵鸟**,最高时速 72 千米。

最快的鱼:**旗鱼**,最高时速 109 千米。

**猎豹**可以在短短 2.5 秒内,时速从 0 千米加速到 72 千米。

# 天涯任我游：
## 长途旅行的动物

**北方象海豹**是目前已知旅行距离最长的哺乳动物。它们每年都要在太平洋或加州海滩的觅食场以及阿拉斯加和北太平洋的繁殖场之间进行两次迁徙，长途跋涉近 20 000 千米。

雄**信天翁**可以为了觅食在南极海域漂泊 33 天。

你可以说这叫轻装上路。有一种名叫**斑尾鹬**的候鸟，为了确保自己能顺利飞越上万千米从阿拉斯加的繁殖场飞回新西兰，甚至不惜牺牲自己部分的肠子、肾脏、肝脏等器官，以便挪出更多空间装载回程所需的脂肪。所幸这些脏器都能在斑尾鹬抵达终点后重新长出来。

**螺旋蝇**是动物界最骇人听闻也最危险的旅行者。这种蝇的蛆虫会攻击牲畜，导致重大的经济损失。自从在美国绝迹以后，它们就靠客机和客轮转往世界其他地区发展。

**蜗牛**是自然界最厉害的搭便车高手。欧洲蜗牛已经将触角伸到距离家乡 9000 千米远的南大西洋岛屿特里斯坦·达库尼亚群岛上。英国剑桥大学的科学家认为它们应该是搭候鸟的便车，才远渡重洋到达那儿的。

**鬣蜥**会坐着"小筏"环游加勒比海。科学家认为它们刚好搭上了暴风

残流的便车，才在岛屿之间漂流了 320 多千米远。

**冷水鱼**可能是靠一条秘密通道在两极之间旅行。目前已有南极的鱼被发现出现在同样冰冷的遥远北方海域，尽管事实上它们必须游过热带地区才行。不只如此，有一种来自巴塔哥尼亚隶属于南极海域本土物种的美露鳕，在格陵兰岛西岸被发现踪迹。科学家认为或许深海里存在着一条冰水走廊，可以让鱼类从地球的一端游到另一端。

**大桦斑蝶**有内建的罗盘。每年秋天，大桦斑蝶都会展开一场动物界最叹为观止的长途旅行，从加拿大和美国东部的繁殖场，飞行 4000 多千米到达墨西哥越冬。尽管这些数以百万计的蝴蝶此前从未造访过南方的家，但它们却都能平安抵达目的地。科学家相信这是因为大桦斑蝶能靠太阳和地球磁场导航。其他被认为也具有这种内建罗盘的动物还包括蜜蜂、胡蜂、某些鱼类和一种鼹鼠。

很多动物都能循着地球磁场移动，但有两种动物对磁场定位格外在行。其中之一是**北极燕鸥**，它们每年都会从北极飞往南极越冬，然后再飞回北极，来回一趟就要飞行 35 000 千米远，而且通常都不会偏离航道。

另一种同样实力惊人的动物是母**绿蠵龟**。每年它们都会从南美海岸的觅食场游到大西洋中部的亚森欣岛繁殖下一代。至于这些母龟如何在茫茫大海中循着正确路线横越 2400 千米，顺利找到才 11 千米宽、在海中看起来像颗小石头的亚森欣岛，目前仍是个谜。

美国加州的**红腹渍螈**认路返家的本领十分惊人，几乎就像体内装了一台 GPS 定位系统一样。这种外表看起来像蜥蜴的动物，可以靠强大的感官能力跋涉数千米回到自己的家。有条红腹渍螈曾经被人从原本位于山谷的家中带走，越过 300 米高的分水岭，被放到一个新的环境里。结果它刚被放下来，马上就一头朝着家的方向踏上归途。科学家认为这种惊人的找路能力跟它们鼻子里神秘的第三腔室有关，而这个腔室似乎有着跟其他两个腔室不同的嗅觉机制。有些人怀疑红腹渍螈还有另一种我们所不了解的特殊感觉功能。

**无螯龙虾**也很会认回家的路。这些龙虾就算被带离原地 38 千米之远，即使完全不知自己身在何处，也能立即朝着正确的方向返回当初被带离的地方。科学家认为它们靠的是一种由地球磁场所提供的磁力地图。

世界上最大规模的一次**蝗虫**总动员是发生在 1889 年的蝗虫集体飞越红海事件，当时这群蝗虫的覆盖范围广达 5180 平方千米，数量高达 2500 亿只，重达 50 吨。

旅行可以开拓心智，尤其当你是鸟的话。每年进行长途旅行的候鸟比不爱出远门的鸟拥有更好的记忆力。科学家相信候鸟在世界各地认路时所学到的各种技巧，可以扩展它们的心智。比如有两种**刺嘴莺**，它们记忆食物储藏地点的能力就有很大的差别，迁徙型的田园莺可以记住一年之久，恋家型的萨丁尼亚莺却只要过两周就忘得一干二净。

## 我们到了吗:
### 行动力较差的一些动物

**长颈鹿**的腿很长,所以当它们从行走变成奔跑时,动作必须一气呵成才行。如果它们以前后肢交替前进的方式快跑,就会被绊倒。

这种状况在**树懒**身上不大可能发生,它们的脚还会因为爬得太慢而长出菌来。

**蚂蚁**跨不过粉笔线,所以如果你想阻止一群蚂蚁大军前进,不妨在地上画一道看看。这是美国园艺达人格林所提供的众多驱蚁小秘方中的一种。

其他得到格林推荐的日常用品还有:小苏打粉、薄荷香皂、面粉、白醋以及多种特定品牌商品如凡士林、麦氏咖啡、强生婴儿爽身粉和汤厨番茄汤。显然地,如果你把桌子的4条腿放进4个空的番茄罐里,蚂蚁就没办法爬上桌了。

**熊**为何过马路?大概因为它是公的。根据研究显示,母灰熊穿越马路的概率远低于公灰熊。

**老蜂**如果飘洋过海会出现时差问题。老蜂的生物钟相当固定,一旦环境出现变化就很容易被搞糊涂。

# 第十一部分

进化之子
自然界的成败实例

所有动物都是我们称为进化的这个巨大试错游戏下的成品，各个物种都面临着外在环境的挑战并随之适应或不适应。虽然有些解决方案是大自然不折不扣的伟大杰作，但至少从人类的角度来看，有些工作似乎尚未完成，还有很严重的问题等待解决。

　　以下就是大自然的众多叫好之作及几件错误之作。

# 进化的经典：
## 大自然的叫好之作

　　擅长深海潜水的**企鹅**有一种预防潜水病的妙招。帝企鹅和阿德利企鹅可以潜到数百米深的海底，并在那儿待上好几分钟，然后它们能迅速回到海面而不会像潜水员那样罹患减压症。究其原因，企鹅往上升到海面时会在中途减速，并且以某种倾斜的角度缓慢地浮出水面，好让肺部有时间适应。

　　**鸵鸟**有一个简单却很聪明的小招数可以让脚丫子在日正当午时凉快一下：它们会往脚上撒尿。

　　**帝企鹅**永远不会被弄湿。这些企鹅的羽毛层扁平且呈油性，因此能发挥滴水不漏的防水功能；另外它们的皮肤也受到身体与羽毛层之间的一

层空气的保护。

**蜘蛛**可以织出拉长 4 倍弹回后还不会松垮的超弹力丝网。

**长吻鳄**可以在水里憋气长达一小时以上。

原因是累积在鳄鱼血液里的二氧化碳会转化成微小的碳酸氢盐离子，然后刺激红细胞里带氧的血红蛋白把氧气释放出来，供全身系统使用。

**鸟类**罹患癌症的概率大约是哺乳动物的一半。

美国亚利桑那州的**条纹树蜥**是自然界的色彩温度计。当清晨气温偏低时，这种树蜥喉咙及腹部的色斑会呈现绿色；等太阳升起，斑块会转为松绿色；到了阳光最强、气温最高的时刻，它们的皮肤就会变成鲜艳的钴蓝色。

**树蟋**是最终极的温度计。由于气温高低会直接影响这种蟋蟀的鸣叫速度，所以你只要计算树蟋在 15 秒内的鸣叫次数，然后再加 39，所得到的和就是户外的华氏温度。因此，树蟋会得到"穷人的温度计"这个封号也就不足为奇了。

非洲的**沙漠甲虫**有种与众不同的解渴法——它们用背喝水。生活在全世界最炎热的沙漠也就是非洲西南部的纳米布沙漠里，这种甲虫唯一的水源就是晨雾里的湿气，因此它们摄取水分的方法，就是背对晨雾微风，利用背上的特殊凸起收集水珠，然后让水珠顺着背部的凹槽流进嘴里。

**短吻鳄**嘴巴的咬合力超过 900 公斤，是人类咬合力的 10 倍之多。

一条**象鼻**包含 4 万条肌肉,而人类的身体只有 650 条。

**盘羊**有一对超长无比的大角。这种栖息于阿富汗高山的野生羊类,头角可以长到 1.8 米长,目前高居羊界之冠。

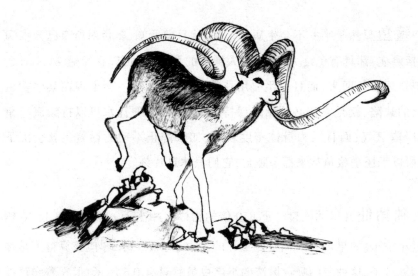

**林蛙**靠着把自己变成棒冰熬过北极寒冬。这种蛙会让体内三分之二的水分结冰,使心脏、大脑和呼吸停止运作并减缓新陈代谢的速率,只要体温不低于–7℃,它们就能靠体内的葡萄糖过活,等待冰融的春季到来。

同样地,有些美洲短吻鳄也能靠着让吻部冻在冰面,只露出鼻孔呼吸,顺利存活数个月之久。

面对食物稀少的深海环境,很多动物都发展出了一套适应对策。例如**宽咽鱼**就可以用伸展自如的大嘴及胃部,吞下比自己大许多倍的猎物。

**蜘蛛**能制造 7 种不同的蜘蛛丝,类型包括从用于捕食的高度自黏型到用于织网的强韧型。尽管大部分蜘蛛都能制造不同种类的丝线,但就目

前所知,还没有一种蜘蛛可以 7 种全包的。

**恒河猴**的脸颊里有小小"便利袋"。它们会用这些颊囊携带食物,以便肚子饿的时候可以随时取食。

**鲨鱼**显然是唯一不会生病的动物。就目前所知,鲨鱼对所有已知疾病(包括癌症)都具有免疫力。同样令人嫉妒的是,它们可以在短短 24 小时之内把缺牙补长回来,而且一生要用掉数千颗牙齿。唯一会出现在某些鲨鱼身上的缺陷,就是它们必须始终保持游动状态,以便让水可以持续流经鱼鳃,吸取氧气;而且因为身体密度较高,如果静止不动的话鲨鱼就会沉下去,所以无怪乎鲨鱼从来都不睡觉,它们只休息片刻。

**独角仙**背得动比自己重 850 倍的物体,相当于一个男人扛起 76 辆家庭小轿车。如果说独角仙是昆虫界的大力士,那么**沫蝉**应该算得上是终极运动员了。这种专门吸食树液的小昆虫虽然只有 0.6 厘米,但靠着弹跳技巧,可以把自己弹到 70 厘米高的空中,这相当于一个人跳上 210 米高的摩天大楼。在这个弹跳过程中,沫蝉所承受的重力是地心引力的 400 倍(人类跳跃时大约能承受二三倍,而且一旦超过 5 倍就会昏过去)。

一只**蚂蚁**能扛起重量超过体重 50 倍的物体。

**大熊猫**已经演化出"第六根指头",以便抓握竹子。这根状似拇指的指头是从腕骨延伸出来的小骨,它能伸能屈,而且能跟真正的拇指合作,让熊猫抓得住竹子的茎与叶。

有些动物能经由所谓的"生物发光"过程为自己点灯。其中最多彩多姿的例子就是一种头部发红光、尾部发绿光的巴西萤科昆虫，所以它们又有"铁道虫"之称。

**夏威夷短尾乌贼**已经演化出一种绝顶聪明的方法，可以让自己跟海床融为一体而不会被掠食者发现。这种乌贼体内有个像手电筒一样由银光反射板和发光细菌组成的发光器官，它们会用这种亮光罩住自己而不产生影子，免得泄露这一向来被掠食者视为寻找极难发现、高度伪装的猎物的重要线索。目前科学家正在研究这类"手电筒器官"，希望从中找出发明纳米科技装置的材料。

**兰花蜂**很特别，它们是唯一用吸管吃东西的昆虫。不同于其他昆虫用舔舐的方式进食，兰花蜂会盘旋在食物上方，通过漏斗般的长喙吸取养分。

加拉帕戈斯群岛有一种**鬣蜥**可以随着食物多寡而变大缩小。这种具有神奇缩骨功的海鬣蜥可以在面临饥荒时把自己缩小 20%；等到食物再度恢复充裕状态时，它们又会长回原来大小。海鬣蜥是目前唯一已知能够这样刻意让体重呈现溜溜球走势的脊椎动物。

眼镜蛇专门发动正面攻击。**莫桑比克眼镜蛇**和**黑颈眼镜蛇**都能喷出毒液，而且力道就跟水枪一样强劲，射程有 1.2—2.4 米远。根据研究显示，它们通常只朝移动中的物体吐毒液。

**鬣狗**有一口称霸动物界的利齿和颚骨。一群狼吞虎咽的鬣狗可以在 25 分钟之内把一只 450 公斤的斑马啃得只剩下骨头。

长颈鹿有自己专用的"医疗用弹性袜"。为了让血液能从心脏顺利输送到其他遥远的身体部位，长颈鹿体内配有一套相当复杂的泵系统。它们的心脏比其他体重相当的动物的心脏大上2.5倍，可以发挥出跟加油枪差不多的力道，把血液推到脑部；当它们弯腰喝水或进食时，也会有一组瓣膜加入运作，确保血液不会因逆流而损伤脑部。另外，为了配合这套循环系统，长颈鹿的腿部还被相当紧实的皮肤包覆着，科学家认为这项设计可以确保血液在漫长的输送旅程中不会淤积或阻塞，这些紧实的皮肤就像医疗用弹性袜一样，能把血液给推挤回去。

## 各有千秋：
## 自然界里的几位小不点与巨人

**蓝鲸**的血管粗到连小孩子都能在里面爬。

全世界最大的蜘蛛是南美洲东北部的**亚马孙食鸟蛛**。这种巨蛛可以长成跟餐盘一样大，而且就像它们的名字所透露的，这种蜘蛛会偷鸟巢里的鸟来吃。

全世界最小的蜘蛛是一只来自加里曼丹岛的**原蛛**，它顶多只有针头大小。

全世界已知最迷你的鱼是生活在苏门答腊岛湿地地区的一种小鱼，成鱼还不到 0.8 厘米长。

全世界最小的蜥蜴来自加勒比海，而且只有 1.6 厘米长。它可以全身蜷缩在人民币的一元硬币上面，而且被认为是 23000 种已知的爬行动物、鸟及哺乳动物中最小的一种。

全世界已知的最大昆虫（以史密森尼博物馆的资料为准）：
蚁类：非洲矛蚁，将近 4 厘米长。
甲虫类：南美洲的"泰坦大天牛"，将近 20 厘米长。
蝶类：所罗门群岛的白凤蝶，翅展可达 30 厘米。
蝇类：南美洲的食虫虻，身长 6.3 厘米。

蛾类:巴布亚新几内亚和澳大利亚的一种蛾类,翅展可达 26 厘米。

全世界已知的最小昆虫(以史密森尼博物馆的资料为准):
蜂类:缨小蜂,仅 0.17 厘米长。
蚁类:斯里兰卡蚁,仅 0.8 厘米长。
甲虫类:缨甲,还没有一个英文句点大。
蝴蝶类:南非的小灰蝶,翅展仅 1.3 厘米。
蛾类:英国的小鳞翅目昆虫,翅展仅 2.7 厘米。

寿命大概是衡量进化成败最清楚的指标之一。以这方面来说,**白蚁**蚁后可以算是自然界的佼佼者,它们已知可以活上 50 年。不过有些科学家相信,它们就算活到 100 岁也没问题。

**海胆**可以活到 100 岁左右。

如果你想煮熟一颗**鸵鸟**蛋,可能要花上 40 分钟。

很少有动物像**翻车鱼**一样长得那么快。全世界最大的硬骨鱼就是这种长得像卵石一样的翻车鱼,出生时只有 2.5 厘米长。不过随着生命岁月的累积,它们会长到 4.3 米宽、3 米长。成年的翻车鱼重达 1800 公斤,是出生时的 6000 万倍。这种生长率相当于一个小婴儿长大后成为如同 6 艘"泰坦尼克号"大小的巨无霸。

# 进化的悲剧：
## 大自然的错误之作

　　很多动物都受重度残障所苦。比方说，**猪**的眼睛分别位在头部两侧，因此它们看前面的视觉能力相当有限，也无法仰头往上看。同样地，**猫头鹰**由于眼球呈柱状而不能在眼窝内绕转，因此当它们需要往两边看时，必须连头一起转，还好猫头鹰的头可以旋转270°。**猫**也有先天上的限制，它们无法直视鼻子下方，这也解释了为什么猫似乎无法找到鼻子底下地上的食物碎屑。

　　**非洲齿鲤**被认为是最短命的脊椎动物。这种5厘米长的非洲小鱼，只要6个星期就可以过完它们的婴幼儿期、青春期、成年期和老年期。

　　**巴仙吉犬**是唯一不会汪汪叫的狗。
　　这种最早可追溯到埃及法老时期的古老非洲狗，由于喉部形状非常独特，所以无法跟其他的狗一样吠叫。不过它们也有自己的声音，包括啼叫声、咯咯声、长嚎声、咆哮声和假音变换声，巴仙吉犬通常会用这些声音表示自己很开心。

　　"给公牛的红布"（意指惹人生气的事物）这句英文谚语其实并不成立。跟许多动物一样，斗牛场上的公牛只能辨识色彩频谱上的两种颜色，也就是蓝色以及红跟绿的混合色，因此在它们眼中，大部分的景物都是灰色的。它们之所以冲向斗牛士，是因为受到激烈挥布动作挑逗的关系，就算斗牛

士挥的是粉红色的布或者鲜黄色的布,它们照样会冲过去。

动物也会生不少人类病。比如好几种犬都会长青春痘,尤其以拳师狗、斗牛犬和杜宾犬这些短毛狗最为明显,一般来说人类是脸上冒痘痘,但这些狗的痘痘都专门长在下巴上。

**大麦町犬**有痛风的毛病。不同于其他的狗,大麦町犬缺乏一种可以分解尿酸的尿酸酶,因此它们体内的尿酸会堆积在关节里,形成结石。那些平常摄取大量含有高嘌呤的红肉的犬只,罹患概率特别高;而且就跟人类一样,这种病主要好发于中年公狗。

**猿猴**跟**天竺鼠**也很容易得痛风病。

有些兽医相信**猫**得气喘病都是人害的。
猫会因为接触到二手烟、家里的灰尘、垃圾甚至头皮屑而引发气喘,而且暹罗猫等亚洲品种且年龄为 1—5 岁的猫,是危险性最高的族群。

**家猫**也可能成为二手烟的受害者。研究显示,与吸烟者同住的猫患一种相当于非霍奇金淋巴瘤的疾病的概率,是其他猫的两倍。

**雪貂**特别容易受到人类病菌的侵袭。它们是少数会被我们人类传染感冒的动物之一。

**旅鼠**不会集体自杀——至少不像人们所认为的那样。关于旅鼠会在数量达到顶峰时集体跳崖的说法,其实跟事实不符。不过它们数量惊人的繁殖习性确实也让自己成为白鼬、北极狐、雪鸮和长尾贼鸥等饥饿的掠食动物易于下手的对象,受到这点影响,旅鼠在某些地区(如格陵兰岛)的数量,就会随着所面临的海陆空三方面的威胁而出现起伏变化。

肥臀的**绵羊**归因于一种罕见的基因。研究人员发现,屁股特别肥大的绵羊体内具有一种基因, 会把食物转换成肌肉而非像一般那样变成脂肪,科学家把这种基因命名为 callipyge,它源自于一个希腊字,意指"美臀"。

**蜥蜴**一旦被抓起来,眉心被戳刺或肚子被翻过来搓揉,就会整个僵住不动,至于这到底是进入了一种睡眠状态还是装死策略,目前仍不清楚。

把一只**鸡**的头塞进翅膀里,然后慢慢地转圈,就能让它进入类似催眠的状态。

**绵羊**在地上打滚可能会丢掉小命, 这个问题在夏初快要剪毛之时特别严重。此时厚重的羊毛会让它们痒得忍不住在地上打滚,但由于受到沉重羊毛的拖累,它们几乎无法爬起来;如果就这样将它们弃之不管,它们可能会因为两种状况而死;一是被鹊类或海鸥啄瞎眼珠,二是产生致命性的胀气,让它们的胃部鼓胀成一颗热气球。

**犰狳**是除了人类以外唯一会得麻疯病的动物。

大部分昆虫都对人类社会作着经济或环境上的贡献。根据估计,全球有三分之一也就是每年产值高达 1170 亿美金的农作物, 需要依赖蜜蜂和其他昆虫传粉才能收获。至于蟑螂,则是极少数对人类毫无帮助的昆虫之一。

人类造成的污染会对动物造成千奇百怪的影响。

例如除草剂会让雄**蛙**变成"阴阳蛙",也会让正常雌雄同体的**鱼**变成雌鱼。**椋鸟**如果接触到杀虫剂,鸣唱次数会减少;**蝾螈**则会失去嗅出伴侣的能力。DDT 会让**海鸥**变成同性恋。其他多种化学物质也会让**金鱼**变得过动、让**猴子**斗得更凶。接触过量的铅会让**海鸥**失去平衡感,从空中坠落。

**树袋熊**拥有跟人类几乎一模一样的指纹。树袋熊的指头有着同样复杂的圈形、涡形和弧形的纹路组合,而且比任何一种黑猩猩都更接近人类的指纹。由于实在相像得可怕,它们甚至让勘查犯罪现场的澳大利亚鉴定专家都难以分辨。

两个头并不一定比一个头好(英语有俗语 Two heads are better than one.),至少当你是**蛇**的话。

**双头蛇**在动物界并不罕见。它们之所以长成这样,就跟双头连体婴儿一样,是同卵双胞胎分裂不完全所导致的结果。

双头蛇这种双胞胎彼此之间几乎毫无手足之情可言,它们始终争来争去,多半是为了食物。每当捕捉到猎物,这两个头就互相争着吞食,要是其中一个从另一个嘴里抢过食物,还会遭到攻击甚至被整个吞下。除此之外,这两个头还会为了该往哪儿走而争斗不休,因此也很容易让自己陷入掠食危机。无怪乎这种双头蛇一向存活率不高。

**西部灰大袋鼠**又有臭袋鼠之称。这种袋鼠的雄性会散发一种像咖喱一样的怪味。至于原因是什么,没有人清楚。

# 后记

　　自然界愈是揭示它自己，就愈给人古怪奇妙的感觉。以上这些篇章希望已经让大家对动物界的各种奇闻异象多少有点认识。不过更古怪的还在"瓮底"，例如深不可测的黑暗海底，就被认为还有90%的生物有待科学探索。在其他方面，人们对包括动物智能、感官认知和沟通行为等主题在内的研究结果，也正以前所未有的速度改变我们对非人类生命的看法。谁晓得我们接下来会发现什么？不过有件事是肯定的，那就是生命会带着各种可能的形式，继续以——至少在人类看来——有时令人惊叹、有时令人费解的方式进化下去。这正如著名的英国遗传学家霍尔丹所写下的一句名言："宇宙不仅比我们想象的还奇怪，而且比我们所能想象的还要奇怪。"

　　一开始着手写这本书，我就给自己设定了一些基本原则，比如所有事实都必须依靠明确的科学数据当佐证，但内容不能过于复杂，以免吓跑非科学领域的读者，还有街坊传说必须加以摒除。而文中所介绍的动物行为，也要尽可能取自于大自然而非人类世界，如果我在某些地方偏离了其中一两个原则，纯粹是因为那些花絮实在不能错过。(举例来说，熊能骗人打开大门和马戏团大象爱喝伏特加这两则消息，就节录自声望卓著的新闻机构而非学术期刊。在这里要跟所有治学严谨的读者说声抱歉！)

# 附录

## 大胆地投入吧！
### ——关于我对动物的奇异狂热

我7岁大时，有只大母猪给我上了惨痛但很有价值的一课，那就是：猪对于自己被当成牛来骑，真的很有意见。这个恍然大悟的时刻，发生在某星期天下午老家泥泞的农田草地上，凭着一股只有小男孩才有的逞强与莽撞无知，我决定骑上家里半打肉猪当中最肥的一只，好好"驾驭"一番(我很确定，当天稍早观赏西部片《大淘金》里一群牛仔驯服公牛时，这个念头就已经深植我心了)。结果我才抓着皮缰跨上它宽阔刺硬的背部，那只大母猪一扫过去懒得出名的刻板形象，开始表演几可乱真的脱缰野马秀。不出3秒钟，我就被弹射出去，一头栽进泥巴地里。尽管身上的皮肉淤伤没多久就消退了，这件事却在我童年留下了难以忘怀的烙印。

当科学家提到跟动物相处的益处时，他们恐怕没有把这样惨痛的互动关系列入考虑范围，他们的焦点多半放在猫、狗和仓鼠等动物的纾压功效，以及让孩子培养爱心、责任感与环保意识的优点上。我绝对同意那些说法都值得肯定，但最近我突然意识到，那些发生在我童年里五花八门的奇怪遭遇，或许也可以为鼓动大家多跟动物一起生活的主张，提供些许不为人知的另类观点。

比方说，约在我 11 岁时，我和父亲曾经从离家不远的树林里带回一只受伤的狐狸宝宝。我们花了好几个星期让它习惯我们给它喂奶，把一只破旧的餐具柜打造成它的新家，甚至还为它取了个名字"卡罗"。父亲因为受了在童年时期收养过一只走失小狐狸的回忆驱使，而成为家里最热衷于这项新任务的人。我还记得自己因为一起照顾那只可怜的小家伙，深深感觉父子之间的距离变得更近了。

某天早晨起床，我发现狐狸宝宝已经撞开餐具柜，从柜子侧边溜走了。但尽管它已经离开，却没有忘记我们，一个星期之后，长大了一点的卡罗再度出现在我家车道入口旁边的树篱里。我傻傻地以为它是来道谢的，父亲也这样想，便趴在地上，伸出手准备要摸摸它。但是，卡罗突然狠狠咬了下去，父亲的一根手指几乎断掉，我从来没看过那么多血。从那时候开始，这件事就成为一段尘封在脑海里的家族事迹。想当然地，我们父子俩从此再也不相信任何一只狐狸。

在我从小生长的乡村，动物基本上就是人们日常生活的一部分，对我那一大批叔叔伯伯来说尤其如此。他们很多都对乡野生活里的传奇事物颇有研究，像其中一位渔猎老手就曾经告诉我如何帮鳟鱼搔痒。虽然这招我还得在家旁边的泰晤士河支流里努力练习，因为永远不知道何时会派上用场。另一位务农的叔叔则教我如何看出一只绵羊即将因胃胀气而肚破身亡。(切记：如果一只母羊侧躺在地上好几个小时，肚子鼓得大大的，而且当时气温高达 30℃ 以上，千万别在它周围任何地方点火。)

除此之外，还有一个亲戚告诉我如何判断牛跟鸟所提供的气象预报。事实上这并非特别高明的一招，毕竟我们住在英国威尔士西部，这些动物也只能预测两天，因此并不能跟预言家相提并论。至于我从长辈那里学来最没意义的一招，就是把鸡催眠——原来只要把鸡的头塞进翅膀下面，反复而缓慢地捧着它转圈，它就会全身僵掉，好像进入假死状态。毫无意外地，这招拿手把戏总是为家族聚会增添不少喜剧效果，光是口头叙述就足以让最愁眉不展的婶婶阿姨发笑。当然，这也是动物为人类家庭生活所带来的另一个贡献，就像"欢笑一箩筐"这类电视节目制作人数十年来所深深明了的道理一样。

我过去30年来的岁月大部分都在伦敦度过，可说彻底远离了从小生长的郊外世界。(事实上它几乎已经消失不见，老一辈日渐凋零，大部分的乡野传奇也跟着走入历史。)影响所及，我两个年幼的孩子汤姆斯和加布里拉，也错失了那些被我视为理所当然的与动物面对面的机会。不过，我们也在动物园、动物救援中心、鸟园和自然保护区等地留下了一些难忘的回忆。跟所有都市家庭一样，我们在朗里特野生动物园开车游览时，遇上过贴着挡风玻璃不走的狒狒；也曾在肯特郡的豪勒野生动物园里，跟园主亚斯皮诺先生的大猩猩们作近距离接触；前往巴西度假时，我们甚至还跟鬣蜥、金刚鹦鹉及猕猴生活在同一个屋檐下。

这些经历为孩子们所带来的欢乐时光，让我几乎无时无刻不为它们的稍纵即逝感到惋惜，我很遗憾他们只看得到流落在街角偷拾腐食的狐狸，我多么希望他们也能做点跟催眠鸡一样没意义的蠢事。然而就在几个月前，这一切都有了改变，也从那个时候起，动物们以及它们为家庭生活所带来的简单又无厘头的快乐，开始一点一滴地在我们家重现踪迹。

身为父母，我太太跟我一直以来都基于现实及健康的考虑，拒绝孩子养猫养狗的请求。除了我们家的空间已经挤不下一只体型合适的狗（我也看不出养狗的必要性），猫以及任何毛茸茸的动物也几乎肯定会让我儿子汤姆斯的轻微气喘病更为恶化。讽刺中的讽刺是，他首次的气喘发作很可能就是在我们趁着产羔季畅游德文农场时，因为接触到球腹蒲螨而引起的。

然而随着汤姆斯一天天长大，这点似乎不再是问题，我们的说辞也变得愈来愈站不住脚。接着约在两年前，我开始撰写一本关于动物奇闻的书，里面搜罗了各种经由科学证实但我乡下的叔叔伯伯们凭直觉就已经知晓的古怪事实（牛或许没办法预知降雨，但鲨鱼似乎都能准确侦测坏天气的到来）。当那些关于鱼如何靠放屁跟同伴沟通（聪明的研究人员把这种气泡语言称为快速重复嘀嗒声，或 FRT），以及老鼠如何对心仪者唱超声波情歌的话题开始在我们家早餐桌上出现时，孩子们也察觉到他们父母的最后一道反宠物防线正在瓦解中，因此自然不会放过这个大好机会。

现在我们家养了一只虎皮鹦鹉，名叫乔吉，而它也为科学家所热烈讨论的种种益处做了更广泛而清楚的展现，它不仅能培养孩子的责任感，缓和家庭生活的压力，也提供了教育及娱乐效果。（你知道虎皮鹦鹉是最遵守一夫一妻制的鸟类成员之一吗？这跟雌虎皮鹦鹉会恶整出轨的老公有点关系。要是让乔吉回到大自然，我想它可能会成为一只无可救药的偷腥客。）乔吉甚至开始扮演起我童年时代那些牛、鸡、狐狸和鱼的角色，才来没多久就为我们家制造了足以跟催眠鸡笑话匹敌的欢乐笑声。当然，你得亲眼看到才能相信，但它在头一个星期从新装好的秋千架上跌落的那幅滑稽画面，确实已经让孩子们捧腹大笑到令我们夫妻俩担心他们会笑破肚皮。

这只鸟为孩子们所带来的正面影响是不言而喻的：他俩每到星期天早上都会挪出时间清理鸟笼，有模有样地勤快打点洗澡事宜，而且还特地把零用钱省下来，替它添购各式各样的圣诞礼物。乔吉受到细心而恭敬的照料，如果有其他吱吱喳喳的动物成员——鸟、天竺鼠——来到我们家，他俩大概也会继续用这种绝佳的态度面对新来的贵客。虽然还没完全重现我童年时那种到处看得到怪诞动物的居家环境，但我确实感觉自己跟那些动物所带来的快乐，好像已经重新搭上了线。

在我最天马行空的想象时刻里，始终梦想有一天能改造自己的家，好让各种动物可以轮流为汤姆斯和加布里拉上一堂难忘而且最好跟危险扯上关系的课。我太太经常指责我是把屋子变成猪窝的元凶，但或许我们就应该大胆地投入其中，在花园里搞一两个猪窝。

——奥古斯都·布朗，原载于《卫报》

策　　划　侯慧菊　王世平

责任编辑　侯慧菊

装帧设计　杨　静


"让你大吃一惊的科学"系列丛书

熊猫为什么要倒立
　　——稀奇古怪的动物真相

【英】奥古斯都·布朗(Augustus Brown)　著

谢维玲　译

吴声海　审


出版发行　**上海科技教育出版社有限公司**
　　　　　（上海市闵行区号景路159弄A座8楼　邮政编码201101）

网　　址　www.sste.com　　www.ewen.co

经　　销　全国新华书店

印　　刷　天津旭丰源印刷有限公司

开　　本　720×1000　1/16

字　　数　188 000

印　　张　14.25

版　　次　2011年8月第1版

印　　次　2022年6月第5次印刷

书　　号　ISBN 978-7-5428-5126-0/N·800

图　　字　09-2009-670号

定　　价　48.00元